吉林财经大学资助出版图书

基因功能注释方法研究

Research on Non-Coding Gene Function Annotation

马知行 著

科学出版社

北京

内 容 简 介

非编码基因的鉴定及功能注释是当前遗传信息研究领域的热点问题。本书围绕非编码基因的鉴定、功能预测及基因沉默方法，提出由不同的基因芯片数据驱动，借助计算方法构造生物网络，在全基因组范围预测非编码基因的功能。具体包括 3 个方面：首先，利用生物学统计特征鉴定非编码基因及其功能；其次，重注释 Affymetrix Human Genome U133A（GEO 编号 GPL96）人类全基因组基因芯片，提出了一种基于编码、非编码芯片数据的双色共表达网络构建方法；最后，本书提出一种基于傅里叶分析的方法，将来自基因芯片的时序数据转换为傅里叶谱，鉴定非编码持家基因。

本书可供从事生物信息研究的科研人员，以及有志于从事生物信息研究的生命科学、医学、计算机科学等相关学科高等院校在校学生参考。

图书在版编目(CIP)数据

基因功能注释方法研究/马知行著. —北京：科学出版社，2018.6
ISBN 978-7-03-057812-9

Ⅰ. ①基… Ⅱ. ①马… Ⅲ. ①基因组–功能–注释–研究 Ⅳ. ①Q343.1

中国版本图书馆 CIP 数据核字（2018）第 116350 号

责任编辑：任彦斌　张　震/责任校对：王晓茜
责任印制：吴兆东/封面设计：无极书装

科学出版社 出版
北京东黄城根北街 16 号
邮政编码：100717
http://www.sciencep.com

北京中石油彩色印刷有限责任公司 印刷
科学出版社发行　各地新华书店经销

*

2018 年 6 月第　一　版　开本：720×1000　1/16
2019 年 3 月第二次印刷　印张：8 5/8
字数：174 000

定价：98.00 元

（如有印装质量问题，我社负责调换）

前　言

在 21 世纪已经过去的 17 年中，人类基因组计划、DNA 元件百科全书计划等一系列与遗传信息研究紧密相关的国际合作项目成功开展，这些项目的研究成果均表明生命的遗传密码由蛋白质编码基因和具有复杂调控功能的非编码基因共同组成。非编码基因在转录调控、表观遗传调控、细胞周期调控和细胞分化调控等众多生命活动中均具有重要作用，与复杂疾病的发生、发展密切相关。蛋白质编码基因是物种存续不可或缺的原材料，但非编码基因却以较低的转录水平引导生命的发展方向。非编码基因的鉴定及功能注释是当前遗传信息研究领域的热点问题。

广泛存在于公开数据库和零散文献中的海量生物芯片数据是认知生物遗传信息的"知识宝库"。这些数据由于实验背景差异，通常情况下不具有可比性；同时也因为缺乏可靠的数理分析工具，大多数据只是经过简单的统计即被搁置一旁。随着信息技术的飞速发展及各学科基本理论和技术的不断进步及相互渗透，以数理模型作为理论基础，以计算方法作为技术手段，开展生物学相关问题研究的生物信息学逐渐兴起，为挖掘生物数据所包含的有价值、却不显而易见的信息带来可能。

本书围绕非编码基因的鉴定、功能预测及基因沉默方法，提出由不同的基因芯片数据驱动，借助计算方法构造生物网络，在全基因组范围预测非编码基因的功能。具体包括以下 3 个方面：

（1）对非编码基因的生物特征进行研究和分析：已有文献从多角度、多物种均证实非编码基因序列有着维持物种表观、保障生物学过程等一系列重要的生物学功能，但迄今为止大量已发现的非编码基因序列都没有准确的生物学功能划分；用计算科学方法处理、加工生物实验数据，对非编码基因序列的功能进行鉴定；综合分析包括非编码基因的核酸序列可读框长度、密码子排列偏好、密码子替换频率、序列保守性及长非编码 RNA 的二级结构特征，发现非编码基因的密码子多为有偏分布、序列保守性差、转录本的二级结构所包含的长茎环结构多于编码序列等一系列现象。上述来自于生物学实验的数据，具有显著的统计特征，可用于鉴定非编码基因及其功能，为本书后续工作打下基础。

（2）提出全基因组水平的非编码基因功能预测方法：通过对 Affymetrix Human Genome U133A（GEO 编号 GPL96）这种人类全基因组基因芯片的计算分析，本书确定该芯片存在大量的探针注释错误。HG-U133A 的探针靶向 14 500 个人类基因，作者发现占总量 41%的探针是非特异匹配多条基因序列的，占总量 9%的探针不能与任何编码基因序列匹配。根据上述非编码基因特征研究结果，作者提出一种基于编码、非编码芯片数据的双色共表达网络构建方法，以反映非编码基因与编码基因的功能关联。以 HG-U133A 芯片为例，使用本书方法设定 CSF 值小于 300，在 25 000 个探针中重注释了 1120 个非编码基因，非编码基因对的皮尔逊相关系数均值小于 $2.20e^{-16}$。基因功能富集后，该 1120 个非编码基因的功能涉及组织器官发育、细胞内转运、代谢过程等。

（3）提出全基因组水平的非编码持家基因预测方法：持家基因是维持细胞基本功能所需要的组成型基因，它们通常在所有组织类型和细胞阶段稳态表达，这一特性使持家基因可作为芯片标准化操作中可靠的参照物。为了使更多来自于不同生物背景的芯片数据具有可比性，作者提出一种基于傅里叶分析的方法，将来自基因芯片的时序数据转换为傅里叶谱，通过有监督的学习方法 SVM 提取傅里叶谱的显著特征，鉴定非编码持家基因。运用本书的方法，在包含 115 套数据的人类 HeLa 细胞时序数据集 GSE2361 和 GSE1133 中，提取到 24 个周期频率特征，利用这些特征预测了 510 个持家基因，其中包含 93 个非编码持家基因。对比实验证明本书的方法可完全覆盖当前 3 个公开报道数据集的阳性数据，并具有较低的假阳性率。该计算方法具有准确性、鲁棒性，所导出生物学结论可靠。

以计算机为主要分析工具的生物信息学可为研究具体生物问题和设计生物实验提供有价值的参考信息和正确的指导，降低大规模生物实验所要消耗的人力、物力，加快问题研究的进程。在解决生物问题的同时，也丰富了算法研究的内涵，拓展了算法研究的外延，在生物和计算机两个学科均具有重要的理论意义和实用价值。未来时序生物芯片数据规模会越来越大，通过本书方法处理更为丰富多样的数据，也必将得到更为可靠的生物学证据。作者所提出的网络模型和预测算法不仅可以较好地解决非编码基因的鉴定与功能注释问题，对其他领域相似数据分析也同样具有借鉴意义。

作　者

2018 年 4 月

目　　录

前言
第1章　绪论··1
　1.1　研究背景···1
　　1.1.1　人类基因组计划··1
　　1.1.2　DNA元件百科全书···2
　　1.1.3　非编码RNA··3
　　1.1.4　长非编码RNA···3
　　1.1.5　小干扰RNA··4
　1.2　国内外研究现状··7
　　1.2.1　基于数据驱动的生物网络构造··7
　　1.2.2　生物网络与非编码基因功能研究···9
　　1.2.3　疾病相关非编码基因研究···10
　　1.2.4　siRNA沉默基因···11
　1.3　研究内容及意义··22
第2章　非编码基因特征研究···24
　2.1　非编码基因生物统计特征分析··25
　　2.1.1　lncRNA平面构象··25
　　2.1.2　lncRNA密码子替换频率···26
　　2.1.3　lncRNA核苷酸三聚体分布··29
　　2.1.4　lncRNA序列保守性分析···29
　　2.1.5　lncRNA可读框特征分析···30
　2.2　lncRNA功能特异性分析··30
　2.3　鉴定lncRNA···32
　　2.3.1　发现新的lncRNA··32
　　2.3.2　lncRNA与mRNA区别··33
　2.4　非编码基因数据库···34
第3章　基于数据驱动的编码基因功能注释··36
　3.1　生物芯片非编码基因重注释···36
　　3.1.1　HG-U133A芯片平台··36

  3.1.2 芯片探针定义重注释 ·· 36
  3.1.3 HG-U133A 重注释结果与分析 ··· 38
3.2 非编码基因功能预测 ··· 42
  3.2.1 芯片数据预处理 ·· 42
  3.2.2 构建共表达网络 ·· 43
  3.2.3 功能预测 ··· 47
3.3 算法性能评价 ·· 47
  3.3.1 随机网络对比实验 ··· 47
  3.3.2 预测精确度、特异性 ··· 47
3.4 人类非编码基因功能预测结果及分析 ·· 50

第 4 章 基于傅里叶分析的非编码持家基因鉴定 ·· 54
4.1 傅里叶谱构造 ·· 54
  4.1.1 基因表达时序数据选择 ·· 55
  4.1.2 时序数据预处理 ·· 56
4.2 鉴定持家基因 ·· 58
  4.2.1 定义持家基因 ··· 58
  4.2.2 识别和提取 HKG 谱的特征信息 ·· 58
4.3 持家基因鉴定结果 ·· 59
4.4 预测性能分析 ·· 61
  4.4.1 利用组织表达谱评价预测性能 ··· 63
  4.4.2 验证 HKG 预测结果与评价 ·· 63
4.5 预测结果分析 ·· 65

第 5 章 基于机器学习方法的 siRNA 沉默效率预测 ······································ 69
5.1 siRNA 样本收集 ·· 69
5.2 siRNA 特征提取 ·· 70
5.3 预测模型构建 ·· 71
5.4 预测性能评估 ·· 72

第 6 章 siRNA 沉默效率预测平台 siRNApred ·· 74
6.1 siRNApred 平台的构建流程 ·· 74
6.2 siRNA 特征提取 ·· 75
  6.2.1 单碱基编码 ·· 75
  6.2.2 siRNA 和 mRNA 序列组成 ··· 76
  6.2.3 二模模序和三模模序位置与 siRNA 效率相关性分析 ···················· 77
  6.2.4 二模模序和三模模序的位置编码 ·· 80

  6.2.5 热力学参数 ··· 82
6.3 基于随机森林的 siRNA 沉默效率预测模型 ··· 82
  6.3.1 决策树 ··· 83
  6.3.2 随机森林预测模型 ··· 84
6.4 siRNA 特征选择 ··· 84
  6.4.1 z-score 特征重要度评价 ··· 85
  6.4.2 siRNA 最优特征集合搜索 ·· 85
6.5 实验分析 ··· 86
  6.5.1 实验数据集 ··· 86
  6.5.2 二模模序和三模模序位置编码有效性 ·· 89
  6.5.3 特征评估与筛选 ··· 90
  6.5.4 siRNApred 与主流预测算法比较 ·· 94

第 7 章 基于卷积神经网络的 siRNA 沉默效率预测算法 ····································· 99
7.1 卷积神经网络概述 ··· 99
  7.1.1 卷积神经网络的结构及特点 ·· 100
  7.1.2 卷积神经网络的前向过程 ··· 101
  7.1.3 卷积神经网络的权值修正 ··· 104
7.2 基于卷积神经网络的 siRNA 沉默效率预测模型 ··· 105
  7.2.1 基于卷积神经网络的 siRNA 沉默效率预测模型结构 ···················· 105
  7.2.2 适用于卷积神经网络的 siRNA 序列编码 ··································· 107
  7.2.3 多模模序探测器的设计 ··· 107
  7.2.4 建立逻辑回归预测 siRNA 的沉默效率 ······································· 109
  7.2.5 基于卷积神经网络的 siRNA 沉默效率预测模型训练过程 ············· 109
7.3 基于卷积神经网络的 siRNA 沉默效率预测模型超参数设置 ······················ 110
  7.3.1 卷积核尺寸参数对预测结果的影响 ·· 111
  7.3.2 激活函数对预测结果的影响 ·· 112
  7.3.3 学习率对预测结果的影响 ··· 113
7.4 与其他机器学习模型的比较 ··· 114

第 8 章 结论与展望 ··· 116
主要参考文献 ··· 118

第 1 章 绪　　论

1.1 研究背景

1.1.1 人类基因组计划

1985 年，美国科学家 Robert Sinsheimer 首次提出人类基因组计划（Human Genome Project，HGP）的构想，1990 年该计划由美国能源部和美国国立卫生研究院共同启动，预期在 15 年内测定人类 23 对染色体中约 30 亿个碱基对组成的核苷酸序列，从而绘制出人类基因组图谱，并且辨识其载有的基因及其序列，达到破解人类遗传信息的目的。在人类基因组计划开展过程中，有包括我国在内的 5 个国家和组织先后加入，使该计划成为人类历史上一次规模罕见的跨地区、跨学科的科学探索工程。2001 年，国际人类基因组织（the Human Genome Organisation，HUGO）和 Celera Genomics 公司在英国《自然》、美国《科学》杂志上分别发表论文，内容包含详细的人类基因组序列信息、测序技术手段说明及序列分析结果，这标志着人类基因组工作草图绘制完成。此后，人类基因组计划保持每两个月完成一条染色体测序的速度，到 2006 年 5 月最后一条人类 1 号染色体被测定完成，宣告计划成功。

人类基因组计划在对人类全基因组进行测序的同时，也完成了对酵母、线虫、果蝇、斑马鱼、小鼠这 5 种模式生物的全基因组测序。通过对测序数据的统计分析，研究人员发现人类基因组中核酸数量与预估规模一致，但基因的数量由最初预估的约 200 万个锐减为实测的约 2.5 万个，这意味着人类基因的规模仅为细菌的 3 倍，无脊椎动物的 2 倍，与大多数哺乳动物数量相同，仅占人类基因组核苷酸数量的 1.2%，其余 98% 以上均为不编码蛋白质的非编码序列。上述现象与当时的主流生物学理论——物种复杂程度取决于该生物蛋白质的种类与数量这一经典假说完全矛盾，测序结果说明生物进化的复杂程度与该生物非编码序列在其基因组中所占比例呈正相关关系，越高级、越复杂的生命体非编码序列所占比例越高，反之生命体越简单则非编码序列比例越低。对人类基因组与小鼠基因组进行比较，人类基因组中的编码基因序列有近 99% 与小鼠基因组中的蛋白质编码基因具有一定同源性。此外，人类基因组的个体间差异几乎全部出现在基因组的非编码区域内。

上述统计数据都直接指出了认知基因组中的非编码区域对于破解生物遗传密码的重要性。

1.1.2 DNA 元件百科全书

DNA 元件百科全书（encyclopedia of DNA element，ENCODE）计划由美国国立人类基因组研究院（US National Human Genome Research Institute，NHGRI）于 2003 年 9 月牵头启动，是继人类基因组计划后最大的生物信息国际合作项目，该项目的研究对象不局限于基因组的蛋白质编码序列，旨在深入研究人类基因组中所有潜在的功能元件。DNA 元件百科全书计划囊括了美国、瑞典、英国、意大利、日本等国 32 个实验室的 400 余名科学家，历时 5 年，耗资超过 1.5 亿美元，对 147 个不同类型的生物组织进行信息学、生物学分析。ENCODE 计划总共分析了来自于多个物种基因组和转录组的超过 15TB 的原始数据，获得了当时最为翔实的人类遗传物质分析数据。

人类基因组计划发现人类基因组中只有 1.2%的序列具有蛋白质编码功能，在该计划的结论中将不具有蛋白质编码功能的基因组序列分类为"转录噪声"和"垃圾序列"。ENCODE 计划的重要任务之一是为这些"垃圾序列"正名。当科研人员对不同细胞施以信息科学、生命科学研究手段后，发现了超过 400 万个可调控编码基因活性的非编码功能位点，上述调控位点与被它们调控的基因空间距离或近或远，统计分析其中部分位点的表达方式发现具有明显的时空特异性，以复合体的形式分别出现在不同细胞类型或同一细胞的不同阶段。ENCODE 计划通过完备的实验和丰富的数据展示了在真核生物体内约 80%的基因组序列可以转录，这些物质转录的时间、空间、过程、表达水平和调控对象可以通过实验进行观测。无论遗传物质是基因还是转录本，无论遗传物质处于全细胞、细胞核，还是细胞质的哪一时空，遗传物质带有 PolyA（多聚腺苷酸）尾巴的比例总是比不带 PolyA 尾巴的多，ENCODE 计划以核苷酸序列是否带有 PolyA 尾巴将 RNA 分为两类。根据上述事实，ENCODE 计划提出：基因组中不管编码序列还是非编码序列都是具有功能的，"基因"应当被赋予新的含义。

ENCODE 计划的研究结果赋予了"基因"全新的概念，基因既包含可以编码蛋白质的序列，也包括大量有别于传统"基因"概念且数量庞大的非编码基因（non-coding gene）的存在。ENCODE 计划将其归纳为 3 个类别，分别是编码基因、非编码基因及新的基因间序列。编码蛋白质的基因在所有类型中表达水平最高，而基因间的非编码序列往往具有较低的表达水平且多数在细胞核中表达。

上述事实足以说明编码基因是生命体存活不可或缺的原材料，但非编码基因是引导生命发展方向的重要物质。

1.1.3 非编码 RNA

由于非编码基因不编码蛋白质，而非编码 RNA（non-coding RNA，ncRNA）是非编码基因转录的直接产物，那么研究一个非编码基因的功能应首先从它的转录产物 ncRNA 入手。ncRNA 的长度、功能、特征各不相同，迄今为止，还没有出现一种获得科学界广泛认可的分类方法。Barciszewski（2009）提出将非编码 RNA 划分为具有调控功能、剪接功能和非时空特异性表达的非编码 RNA。具有调控作用的非编码 RNA 按照它们的序列长度可以分为小调控非编码 RNA 和长调控非编码 RNA，小调控非编码 RNA 包括著名的 microRNA、piRNA 及 siRNA，而长调控非编码 RNA 统称为长非编码 RNA（long non-coding RNA，lncRNA）。细胞内起剪接作用的 RNA 主要包括来自内含子区域的 RNA 和假基因。非时空特异性表达的非编码 RNA，是指在各个物种中都能被找到并且序列相对保守的非编码 RNA，包括 rRNA、snoRNA、tRNA 及 snRNA 等。

1.1.4 长非编码 RNA

lncRNA 是一种与编码基因转录本结构相似的非编码 RNA，Erdmann 等（2000）对 lncRNA 做了如下定义：它们的长度应大于 200 个碱基，可以被剪切，可能在 3′非翻译区（3′-untranslated region，3′-UTR）区域带有 PolyA 或者 5′非翻译区（5′-untranslated region，5′-UTR）具有 box 结构，不能翻译出蛋白质产物。一批研究成果已经证明 lncRNA 参与了众多的生命过程并在其中发挥关键作用，如细胞分化、基因印迹的发生、生物体的生长发育、生物的免疫反应和肿瘤的发生与发展等。lncRNA 与生物体特别是高等生物的表观多样性息息相关。日本 FANTOM 研究组 2005 年从小鼠转录组中鉴定了 34 030 条 lncRNA，H-Invitational 数据库利用大规模测序鉴定了 1377 条人类 lncRNA，科研人员发现这些新鉴定的 lncRNA 序列大多数保守性比 mRNA 的 5′-UTR 和 3′-UTR 序列弱，因此研究人员认为 lncRNA 比 mRNA 进化速度更快，这一观点可以解释物种的复杂程度为什么会随着非编码序列占基因组序列比例的增大而增加。另外，lncRNA 与 mRNA 相比表达水平较低，但是在不同组织细胞中的表达水平差异变化比 mRNA 更为剧烈。lncRNA 经常进入一个蛋白复合体中与 mRNA 协同表达，这种合作表达模式可能对 mRNA 起到一种调控作用，如 mRNA 的表达水平、稳定性或细胞定位等。

图 1.1 显示了 PubMed 索引从人类基因组计划开始公布人类基因草图至 2014 年 15 年的各类非编码 RNA 相关文献的分布，可以看到非编码 RNA 的相关研究

一直保持着较快的增长趋势,并且研究的重点 miRNA、siRNA 在经历了一次大规模的爆发期后大幅回落,而 lncRNA 成为当前非编码 RNA 研究的热点问题。

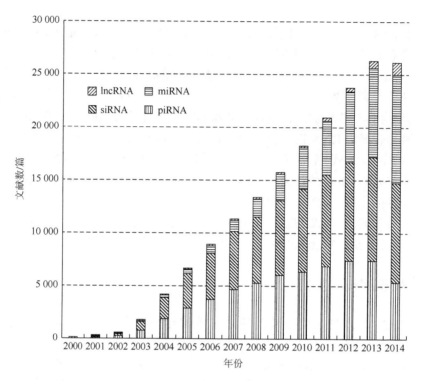

图 1.1　PubMed 2000～2014 年非编码 RNA 相关文献的分布

　　lncRNA 虽然被公认为遗传信息研究领域最有可能取得重大成果的问题,但由于现有研究工具可用性较差,大量包含有价值信息的生物实验数据不能够被正确处理运用,造成相关研究一直未出现突破性的进展。如何正确解读生物遗传信息中的非编码序列,是信息科学、生命科学乃至医学所面临的共同问题。

1.1.5　小干扰 RNA

　　DNA 测序技术的发展带动了人们对分子生命科学与医药技术的关注,这一阶段生物与医学数据大量积累,促进人类对生命本质的认识和对分子生物学技术的有效利用。生物数据资源已呈指数增长的趋势,因此亟需新型、强有力的计算工具对生物大数据进行存储、处理及分析,从而发掘蕴含在数据中揭示生命本质的重要科学规律。计算机科学技术的发展、生物及医学数据与计算机科学技术紧密结合,推动了生物信息学学科的产生。随着时间的推移,这门以解决生物医学问题为核心，综合运用计算机、数学及生物学各种工具，系统分析和阐明数据中生物学意义的学科，已经在现代生物科技领域占据重要位置。

随着人类基因组计划的完成，现今已迈入后基因组时代。高通量实验技术的发展，极大地促进了基因数据的收集、研究和规律探索，并为疾病诊疗提供新视野和新依据。RNA 干扰（RNA interference，RNAi）是利用小干扰 RNA（small interfering RNA，siRNA）诱导转录后的内源 mRNA 降解的基因沉默机制，已经成为研究基因功能及基因治疗的新工具，在复杂疾病治疗和药物发现等前沿领域具有广阔前景。

大量实验表明，针对同一靶基因的一系列 siRNA 具有不同的沉默效率。总结 siRNA 序列与其沉默效率的规律设计高效 siRNA，是提高基因沉默效率的重要手段。通过生物实验方式验证 siRNA 的沉默效率成本高、周期长、干扰因素较多，而借助计算手段预测 siRNA 沉默效率可以快速检验 siRNA 的有效性，辅助优化 siRNA 设计，推动 RNAi 技术快速发展。

早期的 siRNA 设计主要根据经验总结的规则，对 siRNA 序列评分实现 siRNA 沉默效率预测。这些规则来自研究人员观察小规模 siRNA 样本上碱基的出现频次，并不具备普适性。受限于观察样本的局限性，不同学者总结的经验规则甚至存在相互矛盾的情况。同时，利用这些规则只能判断 siRNA 是否属于高效 siRNA，无法进行 siRNA 沉默效率的定量分析。这些缺陷常导致 siRNA 生物验证实验时间和成本的增加，未能很好地促进 siRNA 设计。随着机器学习方法的兴起，逐渐出现对 siRNA 序列进行特征抽取，并通过大样本训练预测模型，实现 siRNA 沉默效率预测的方法。这些方法综合多方面的 siRNA 特征表示，由大规模样本训练合理的预测模型，定量预测待测 siRNA 的沉默效率，能够突破经验规则方法的局限性。但是，现有的机器学习方法通常只考虑为 siRNA 序列上单个碱基编码作为特征，忽略了出现在特定位置的相邻多个碱基［又称为模序（motif）］对 siRNA 沉默效率的影响，因此需要进一步发掘 siRNA 样本中丰富的序列信息；此外，现有机器学习方法还停留在人工设计特征模式阶段，未充分发挥大规模样本对 siRNA 特征表达的学习能力。因此，本书将从挖掘 siRNA 沉默效率相关的新特征和运用具有特征学习能力的新模型着手，探寻提升 siRNA 沉默效率预测精度的新方法。

RNA 干扰（RNAi）是一种利用双链 RNA（double-stranded RNA，dsRNA）依据碱基互补配对原则，实现转录后的基因沉默现象。植物、真菌、无脊椎动物和哺乳动物等真核生物都能够实现 RNAi 过程。在哺乳动物细胞中，dsRNA 被剪切成较短的 21～23nt 的双链 RNA，即小干扰 RNA（siRNA），诱导靶标 mRNA 的降解。近年来，RNAi 在研究基因功能、基因治疗及药物研发中具有非常广泛的应用，对于 RNAi 技术过程中起关键作用的 siRNA 更是引起了研究人员的关注。由于靶向同一 mRNA 不同位置的一系列 siRNA 会产生不同的沉默效率，且大部分的 siRNA 产生的沉默效率都不理想，因此，如何设计高效的 siRNA 使得靶标 mRNA 的沉默效率达到最高，已成为 RNAi 研究中最关键的问题。siRNA 设计是将 RNAi 技术应用到研究基因功能与药物研发等领域的重要前提，也已经成为 RNAi 研究的一个热点。

目前 siRNA 设计方法主要分为两类：基于统计规则的 siRNA 设计方法及基于机器学习的 siRNA 设计方法。研究表明，基于机器学习的 siRNA 设计方法能够更准确地定量预测 siRNA 对靶标 mRNA 的沉默效率。然而，尽管目前已经产生了一系列基于机器学习的 siRNA 设计算法，但预测效率仍有待提高，siRNA 序列上与 siRNA 沉默效率相关的潜在特征还需进一步发掘，许多新颖的高性能机器学习模型尚待尝试用于 siRNA 效率预测。本书将从 siRNA 序列中挖掘潜在影响 RNAi 过程的特征，并在此基础上提出基于随机森林预测模型定量预测 siRNA 沉默效率的方法；此外，为探测 siRNA 序列中不同长度模序对 siRNA 沉默效率的影响，本书还提出了基于卷积神经网络的 siRNA 效率预测模型。主要研究内容如下：

（1）提出将二模模序和三模模序位置编码作为 siRNA 沉默效率预测的新特征，并建立随机森林预测模型定量预测 siRNA 的沉默效率。由于 siRNA 序列是影响 RNAi 效率的重要因素，从 siRNA 序列中挖掘更多潜在的特征也一直是研究的重点。有研究表明，当 siRNA 序列中每一位的 2～3bp RNA 被 DNA 所代替，RNAi 的效率会发生一定的变化。这说明，不仅单碱基位置和组成与 RNAi 效率相关，siRNA 序列上特定位置的二模模序和三模模序也与 RNAi 效率相关。本书首先根据已知的 siRNA 样本验证 siRNA 序列中不同位置二模模序和三模模序在高效 siRNA 和低效 siRNA 之间存在显著的偏好性；然后，提出将二模模序和三模模序位置编码作为新的预测特征；随后，利用基于 z-score 的最优特征集合搜索方法，筛选与 siRNA 沉默效率最相关的特征子集，构建基于随机森林的 siRNA 沉默效率预测模型，并据此开发高效 siRNA 沉默效率在线预测平台 siRNApred。在 Huesken 数据集上进行的验证实验表明，siRNApred 预测结果的 PCC 值达 0.722，比 Biopredsi、i-score、ThermoComposition-21、DSIR 等已有 siRNA 沉默效率预测方法分别提高了 9.39%、10.39%、9.56% 和 7.76%。此外，在多个独立数据集上进行预测实验考察 siRNApred 的泛化能力，结果均显示其比其他方法性能更稳定。siRNApred 工具的网址为 http://www.jlucomputer.com:8080/RNA/。

（2）设计卷积神经网络实现 siRNA 沉默效率预测方法。siRNA 序列对 RNAi 效率的影响不仅在于二模模序和三模模序，多模模序也可能与 siRNA 沉默效率密切相关。然而，现有的 siRNA 特征提取方法未能体现多模模序对 siRNA 沉默效率的贡献。为探寻多模模序对 siRNA 沉默效率的影响，本书提出基于卷积神经网络的 siRNA 效率预测模型。在卷积神经网络中的卷积层，设计合理尺寸的卷积核作为模序探测器，以数据驱动方式自动学习多模模序更抽象、更贴近本质、更利于分类的潜在特征模式,并形成综合多模序作用共同预测 siRNA 沉默效率的模型。该模型经过实验调校模型超参数,形成由一个卷积层、一个池化层和一个输出层构成的卷积神经网络。其中卷积层使用 6×4 至 19×4 共 14 种尺寸卷积核探测潜在模序特征模式,池化层使用最大值算子和均值算子选取最具代表性神经元构成特征表达,输出层使用逻辑回归映射预测结果。在综合多个 siRNA 数据集的大规模样本上进行比较实验,结果显示该方法的 PCC 值和 AUC 值分别达 0.717 和 0.894,均高于 Biopredsi、DSIR 及 siRNApred 方法。这体现该方法能够深入挖掘 siRNA 序列中不同长度模序对 siRNA 沉默效率的贡献,更充分地将 siRNA 序列的局部特性、碱基和模序组成及位置排列等有价值线索蕴含于特征模式中。这种由数据驱动的特征学习模式比依赖专家知识预设的特征提取模式性能更优。

1.2 国内外研究现状

随着生物芯片技术和测序技术的发展及广泛应用,大量的基因组、转录组观测数据产生出来,如何合理地分析解释这些数据,挖掘其可以阐明的生物学意义,是生物学研究所面临的重要问题。生物信息就是通过计算手段挖掘上述数据中有价值信息的有效途径。例如,序列数据分析方法包括生物序列数据的比对和拼接算法研究等,产生了著名的序列比对软件 BLAST、BLAT 等,以及针对高通量测序数据的序列比对软件 TopHat 等;生物序列的二级平面结构、三级空间结构分析,产生了如 RNAfold、RNAstructure 等 RNA 结构预测软件;生物网络数据的分析,对蛋白质相互作用网络的幂率分布特性、小世界模型及模块化结构等复杂网络特征进行分析研究;生物分子功能预测,提出多种基于生物网络数据的蛋白质功能预测算法;基因表达与调控,基于各种生物数据,采用图论、控制论相关理论和方法、概率统计等研究基因的表达与调控机制及调控网络构建;物种及生物分子的进化分析,基于序列、结构、分子网络等不同层面的数据建立物种之间的谱系进化关系。随着研究的不断深入,实际的应用问题越来越多样,涉及诸多计算问题及相关算法研究,不仅推进了生物学问题的研究,也促进了相关学科的发展。尤其是生物芯片数据的大量产生,为各种生物问题的研究带来了新的契机,可帮助科研人员从系统的、全局的、动态的角度开展各种问题研究。

1.2.1 基于数据驱动的生物网络构造

目前针对不同生物实验数据,生物信息学科已经开展了各个层面的研究工作,可以将其分为如下两类:一是生物网络的构建及分析,利用已有的生物数据,推断和构建基因之间的调控网络、共表达网络等,采用复杂网络理论研究生物网络的拓扑结构，对多个网络的比较分析；二是基于生物网络的应用研究，例如，基于网络数据预测疾病基因及与疾病关联的网络模块，基于网络数据预测其中生物分子的功能，基于网络数据进行分子相互作用的预测，重构高置信度的生物网络等。上述两类研究各有侧重，又彼此借鉴，例如，应用复杂网络理论对生物网络的度分布、聚集系数、小世界特性的研究；采用子图搜索算法和子图比较算法挖掘生物网络模体；采用聚类方法对网络模块性的研究等。其中第一类研究工作是生物网络数据的比较分析，即通过比对构造生物网络认知生物体，发现它们结构和功能的相关性，基于生物网络数据的比对结果研究生物的进化和演变，通过不同网络之间的比较进行知识迁移，从而借助已知生物研究未知生物。例如，通过生物网络比对进行蛋白质功能的预测、蛋白质相互作用的预测和不同物种蛋白质同源关系的预测；通过不同生物网络之间的局部比对，发掘保守的子网络结构，进行蛋白质复合物和保守功能模块研究。生物网络比对的研究始于 2000 年，Ogata 等（2000）通过生物网络比对研究了代谢网络中酶和其编码基因在基因组中的位置相关性，该研究引起了国内外对于生物网络比对的广泛关注和研究热潮，尤其是 Sharan 领导的研究小组，他们着重于蛋白质相互作用网络比对的研究，将其用于保守通路、保守功能模块和蛋白质复合物的查找，并在结构分析的基础上研究了蛋白质功能和蛋白质相互作用的预测，近期有关生物网络比对的研究工作主要包括两个方面：一是研究高效的多个生物网络的查询比对算法，二是将比对方法和疾病研究相结合。Natasa 领导的研究小组一直专注于通过网络拓扑的分析来比较两个生物网络，试图建立两个网络元素之间的全局映射关系，2004 年提出了基于拓扑结构来衡量顶点相似性的度量标准 Graphlet，他们的研究成果包括网络比对方法 GRAAL、H-GRAAL、MI-GRAAL 和 C-GRAAL。2006 年普渡大学 Koyuturk 等较早研究了两个网络的局部比对问题，提出了 MaWISH 比对方法，其核心在于构建两个蛋白质相互作用网络的比对图，并借助蛋白质相互作用网络的进化模型构造比对的相似度函数。2006 年中国科技大学的 Liang 提出 NetAlign 比对方法借助两个网络完成两个蛋白质相互作用网络的比对，挖掘保守的功能模块，随后又开展了多个生物网络比对的研究工作。2006 年斯坦福大学的 Flannick 提出了 Graemlin 比对方法，可以进行多种类型生物网络的全局和局部比对。以上关于生物网络比对的研究主要借助图匹配的思想，将两个或者多个生物网络之间的比对问题转化为一个图中的问题从而借助图论算法予以求解。生物网络比对问题可以归约为一类组合优化问题，因此可以借助优化方法对其进行求解。例如，2006 年德国科隆大学的 Berg 等采用统计模型模拟生物网络中顶点和边的动力学演化过程，借助统计方法对比对问题进行求解，同一研究小组的 Kolář 等（2008）将该方法用于疱疹病毒的研究中；2007 年中国科学院数学与系统科学研究院章祥荪领导的研究小组将比对问题归约为优化问题借助整数二次规划方法予以求解，2008

年美国麻省理工学院的 Singh 等将比对问题归约为矩阵的特征向量问题,利用幂法求解矩阵的主特征向量,间接求解比对问题,2009 年同一研究小组的成员在此基础上提出了一个改进方法 IsoRankN,利用谱划分方法有效地提取比对的映射关系。2009 年 Klau 借助整数线性规划方法求解比对问题。2007 年加利福尼亚大学的 Narayanan 等借助生物网络的模块性通过模块比对来完成整个网络的比对。在目标网络中查询已知的子网络一直是生物网络比对中的一类重要研究问题,对于代谢网络中查询模式的比对问题,2005 年 Pinter 等较早地开展了这方面的研究工作,他们利用子树同胚算法对问题进行求解。此后研究者针对代谢网络查询模式的比对问题开展了大量的研究工作,提出了很多有效的解决方法。根据生物网络比对方法的模型与算法将大量的网络比对方法分为三类:基于图模型的启发式搜索方法,基于约束优化的方法和模块化的比对方法。生物网络比对是网络分析中的一个重要内容,为同源关系的推断、进化关系的研究等提供了辅助分析手段。

1.2.2 生物网络与非编码基因功能研究

后基因组时代类型丰富的组学数据爆炸式的产生,计算与实验相结合的系统生物学分析方法为生物网络数据的分析及其应用开辟了新的篇章,包括对各种生物分子功能的预测研究,例如,研究者做了大量蛋白质功能预测的工作,并提出了许多基于网络开展蛋白质功能预测的方法。基于网络的蛋白质功能预测方法可以分为两类:一是直接法,主要原理是基于网络上功能信息的播散对未知功能的节点进行预测;二是基于模块的方法,主要原理是基于网络中的模块,通过模块内的功能富集,用显著富集的功能注释其中的未知节点。直接法中,根据信息播散方式的不同又可以分为以下几类:①邻居法,通过未知节点的邻居中显著富集的功能来预测该未知节点的功能。例如,2000 年 Schwikowski 等提出的方法,用直接邻居中出现最频繁的 3 个功能来注释未知节点。2001 年 Hishigaki 等通过为每一个功能注释计算一个拟 2χ 得分来衡量注释的可靠性。2006 年 Chua 等研究节点在网络中的距离与功能相似性之间的相关性,同时考虑了一阶邻居和二阶邻居在未知节点功能注释中的影响。②基于图论的方法,生物网络本质上可以看作一个图,因此基于生物网络的功能预测可以借助图论的方法求解。例如,2003 年 Vazquez 等通过最大化被同一功能注释的边数,对网络中的未知节点进行功能预测,该优化问题的提出导致产生最小化多路分割问题,采用启发式的模拟退火方法予以求解;类似的有 2004 年 Karao 等提出两方法,但是这两种方法仅仅考虑了功能注释的全局约束;2005 年 Nabieva 等提出了一个基于信息流动的方法,同时考虑全局和局部约束。③基于概率统计的方法,所有这些方法基于一个蛋白质的功能注释仅仅依赖于其一阶邻居的信息,这一假设直接导致一个马尔可夫随机场模型，该模型由 Deng 等在 2003 年提出，Letovsky 和 Kasif（2003）的研究工作中也使用了马尔可夫随机场模型进行蛋白质功能注释。④基于多源数据集成的方法，研究者提出了集成多种类型的生物网络数据进行蛋白质功能预测，其主要区别在于数据的集成方式。基于模块的方法中，根据网络模块的不同定义和挖掘方法，又可以分为多种类型，如直接借助网络拓扑挖掘模块进行功能预测、借助图聚类方法等。随着研究者对网络模块挖掘方法的深入研究，以此为基础的功能预测方法也在不断丰富。

随着测序技术的发展及基因组注释工作的逐步推进，研究人员发现真核生物的基因组广泛转录，产生了大量的 lncRNA 数据，研究大规模的功能预测方法具有很强的实际应用价值。

1.2.3 疾病相关非编码基因研究

科研人员提出了许多计算方法进行疾病基因的预测，但是复杂疾病关联基因的预测或者优先化，是一个复杂而困难的问题，仍然存在很多难点有待攻克。首先复杂疾病本身是多疾病因子的疾病，复杂疾病表型与基因型之间的关系复杂；其次复杂疾病的产生与发展是与生命体内部外部环境密切相关的动态发展过程，对于其致病因素的发现与研究存在巨大的挑战，但是研究复杂疾病的致病因素和机制对于疾病的诊断治疗和潜在药物靶标的发现具有极其重要的意义。单基因疾病（mnogenic disease）以单基因缺陷为主要发病因素，且疾病在家系成员中传递时符合孟德尔定律的疾病，如红绿色盲、白化病等。与之不同，复杂疾病是由多个基因及其之间的复杂关系所控制，同时受外部环境因素的影响，在家系传播时不符合孟德尔定律，因此复杂疾病也被称为多基因遗传病（polygenic inheritance disease）、多基因病（polygenic disease）、多因子病（multifactorial disease），常见的复杂疾病有癌症、心血管疾病、帕金森综合征等。由于在复杂疾病中涉及基因之间多种复杂相互关系，如调控关系、分子相互作用、生物体与外部环境的关系、表观遗传因素，涉及 DNA、蛋白质和各种 RNA 分子，包括 microRNA 等，其相互作用包括同一类型甚至不同类型分子之间的相互作用，并且基因之间的调控关系具有随细胞内外环境改变的动态特性。生物网络的出现及其应用改变了以往对复杂疾病机制的研究思路，即从"序列、结构、功能"的生物学观点出发，考虑单一的致病因素在纵向开展研究，当前的研究思路转变为从"相互作用、网络、功能"的模式出发，在转录组和蛋白质组等多个层次研究基因调控网络、蛋白质相互作用网络的丰富信息，使得复杂疾病研究可以由局部朝向整体，由孤立朝向系统。尤其是基于生物网络的复杂疾病关联基因的预测，也即疾病基因预测，取得了丰富的成果。2011 年，Nadezhda 等对疾病基因的优先化（即根据基因与疾病关联关系的大小对候选疾病基因进行排序）方法进行了分析综述，将其分为三类：①利用基因和蛋白质的特征进行疾病基因的优先化，包括对基因和蛋白质序列特征、功能注释等的分析与利用。②基于生物网络的疾病基因优先化方法，包括对候选疾病基因的局部信息和全局信息的利用。③基于数据集成的方法，例如，基因的分子相互作用数据与疾病的表型网络信息结合，尤其 Endeavour（2013）方法采用超过 20 种数据进行疾病基因的优先化，包括基因本体、功能性注释、蛋白质相互作用网络、基因调控信息、基因表达数据、序列信息等。总之，复杂疾病关联非编码基因的预测是一个复杂的生物信息学问题，存在理论上的计算难点，但是对其求解又具有重要的现实意义。

1.2.4 siRNA 沉默基因

1984 年，Izant 等通过实验证明将 RNA 导入细胞中可干扰内源基因功能，产生这种现象的原因是引入的外源 RNA 与内源 mRNA 转录本杂交产生一种反义链机制。随后这种机制被命名为 RNAi 机制，并且被发现在线虫类的秀丽隐杆线虫可调控基因的表达。1998 年，Fire 等对干扰 RNA 的结构和如何引入细胞进行调查，发现双链 RNA 比单链 RNA 在产生干扰效应方面更有效。如果在成熟动物体内引入单链 RNA 只能引起中等效果，而双链 RNA 能引起强大且具有特异性的干扰。2016 年，Montgomery 等通过实验验证了这种干扰效果发生在转录后，作用对象是 mRNA，并且发生在 mRNA 翻译之前。由此可知，RNAi 是利用 dsRNA 诱导转录后内源 mRNA 降解的基因沉默机制，除了线虫类，RNAi 还能够发生在昆虫、青蛙及其他包括老鼠在内的哺乳动物中，且已经成为哺乳动物中研究基因功能及基因治疗的新工具。

为了挖掘 RNAi 机制，Elbashir 于 2008 年建立了果蝇体外系统，发现两端带有 3′悬垂端的 21~23nt 的 RNA 能引起特异 mRNA 降解。Elbashir 将这种 21~23nt 的 RNA 定义为 siRNA，并且发现 siRNA 是被 ribonucleaseⅢDicer 酶剪切长 dsRNA 得到的。Dicer 酶存在于昆虫、秀丽隐杆线虫的胚胎及哺乳动物等的细胞中，包含的一个 PAZ 区域、一个解旋酶区域、一个 dsRNA 结合区域和两个 RNaseⅢ共有区域。其中 PAZ 区域负责 RNA 结合，解旋酶区域负责催化 dsRNA 解旋以利于 dsRNA 切割。在哺乳动物中，Dicer 酶存在于细胞质中，因此 RNAi 是发生在细胞质中的过程。RISC 是一种多蛋白复合物，包含内切核酸酶和外切核酸酶、解旋酶及同源 RNA 搜索活性蛋白等。RNAi 中最关键的一步是 RISC 的装配，在裂解 mRNA 之前，双链 siRNA 与 RISC 结合，其中一条反义链保留在 RISC 中。Schwarz 于 2009 年发现正义链和反义链 5′端的热力学稳定性决定了哪一条链会参与 RNAi 的过程，因此 siRNA 双链两端能量是不对称的。RISC 复合物最终与 mRNA 靶点结合，Ago2 作为剪切酶在距离 5′端 10 位和 11 位碱基之间剪切 mRNA 序列，最终抑制靶基因表达，实现基因沉默的目的。

因此，如图 1.2 所示，RNAi 的整个过程由几个关键的阶段组成：dsRNA 被 Dicer 识别并剪切、siRNA 双链解链、RISC 装配、靶标选择、Ago 蛋白参与的靶标裂解、产物释放及 RISC 回收。

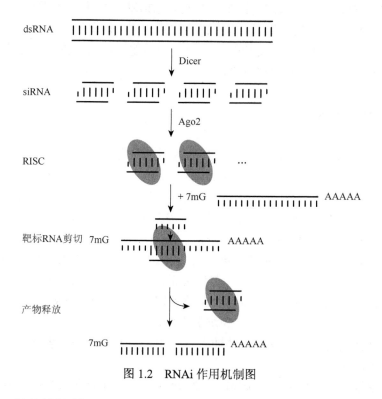

图 1.2 RNAi 作用机制图

RNAi 是能够抑制基因表达的重要生物机制，在生物及医学领域具有广阔的应用前景。通过 siRNA 介导的 RNAi 技术在研究基因功能、基因治疗及药物研发中具有非常广泛的应用。

RNAi 技术能够快速敲除基因，助推功能基因组学的研究。人类于 20 世纪 90 年代正式启动人类基因组计划，对人类 23 对染色体的 30 亿个碱基对进行测定，并且识别出染色体中功能基因的具体位点，最终实现破译人类全部生命遗传密码的目的。随后，人类基因组计划顺利完成，人类在对生命的运作进一步了解的同时，也进入了后基因组时代。这个时代人类需要了解特定基因的功能，但常用的基因敲除方法由于成本较高、操作复杂，不适合长期使用。而 RNAi 技术凭借其简便、快捷及成本低等优点逐渐得到基因功能研究人员的重视。实验证明，使用 RNAi 技术平均 7 天可以敲除 10 个基因，而基因敲除技术要使用半年到一年的时间才能敲除一个基因。2003年，Kamath等利用RNAi技术在线虫的1万多个RNA干扰表型中发现了1700多个基因缺陷的表型，在这之中的大部分表型都是首次被鉴定的，也是首次利用RNAi技术大规模的研究全基因组中基因的功能。除此之外，该技术还成功地用于研究其他真核生物的基因功能，是研究功能基因组学的有力工具。

RNAi技术能够应用于复杂疾病的基因治疗。因RNAi在抑制基因表达方面表现出高效、持久及特异等特性，且在研究基因功能时不会影响个体生长发育，因此可以特异地抑制与疾病相关的基因，用于基因治疗领域。RNAi技术在与基因表达异常相关疾病的治疗方面取得了良好的效果，如病毒感染和肿瘤的治疗。在肿瘤细胞中导入用逆转录病毒作为载体的siRNA，特异性地靶向肿瘤基因，成功地抑制肿瘤基因表达。RNAi技术在白血病治疗方面也有非常好的效果，在人髓性白血病细胞系HL-60细胞中导入端粒酶反义RNA，得到的结果是端粒酶的活性被这种反义RNA有效抑制，而白血病细胞再逐渐停止增殖，并最终凋亡。在结肠癌中，有一种凋亡抑制因子Survivin，可能会导致肿瘤细胞产生耐药性，将RNAi技术应用在结肠癌细胞系中，能够阻断抑制因子的表达并成功抑制肿瘤的生长。除此之外，将通过RNAi技术建立的重组表达质粒导入到裸鼠皮下移植瘤及肝癌细胞中，能够抑制肝癌细胞的增殖和 *hTERT* 基因的表达，将肝癌细胞的恶性表型成功逆转。病毒的治疗也一直受到学者的关注，RNAi技术能够针对HIV、肝炎病毒和脊髓灰质炎病毒等进行抗病毒感染研究。HIV是造成人类免疫缺陷的一种病毒，长久以来难以被攻克。siRNA能够降解HIV基因组从而抑制病毒的表达，即使病毒基因组中存在核蛋白复合体时也能起到抑制病毒的作用，为人类免疫缺陷病的治疗提供了新的治疗途径。乙型肝炎病毒（HBV）是一种DNA病毒，也是一种引起传染性乙型病毒性肝炎的病原体。我国的乙肝表面抗原的携带率约占总人口的7.18%，且HBV的感染率也极高，因此HBV的治疗也是一个非常值得关注的问题。2013年，Hamasaki等成功将RNAi技术用于阻止HBV复制，2015年，朱才等采用质粒载体和脂质体作为载体将siRNA导入细胞中，最终发现siRNA在靶向HBV的核心区域时能够抑制HBV的复制。脊髓灰质炎病毒引发的脊髓灰质炎，是一种急性传染病，能侵害中枢神经系统，又称小儿麻痹症，2015年，Gitlin等在HeLa中导入双链短RNA后发现该病毒复制大量减少。

RNAi技术可加快药物靶点的筛选。RNAi技术在药物研发领域也有着一定的应用。由于市场上新药研发往往被复杂药物调节机制所制约，并且药物代谢和毒性作用使得临床试验中的新药具有极高失败率，导致上市时间过长，最终因该漫长过程产生巨额成本。因此，新药研发的核心是药物靶点的选择和鉴定，需要利用高效的方法寻找优良的药物靶点。由于RNAi技术不受蛋白质结构的影响，在实施时只需要少量的核酸序列信号，就能高效和特异地抑制目标基因，再加上 RNAi 技术操作简便、周期短,可在较少时间内筛选靶点,加快药物的临床研究。基于 RNAi 技术的高安全性和无免疫原性,以及能够高特异性有效持久地抑制基因的表达,引起了许多医药公司的关注。例如,为了治疗湿性老年黄斑病变,Acuity 公司研制了能够治疗该病的 RNAi 药物,疗效更好且更安全。肿瘤化疗失败的主要原因之一是肿瘤细胞的多药耐药性,而 MDR1 基因的过度表达是肿瘤多药耐药性的主要原因。RNAi 技术能够调节 MDR1 的基因表达,通过设计针对 MDR1 基因的 siRNA,高效特异性地抑制 MDR1 的表达,减少药物耐药性。

siRNA 反义链与靶标 mRNA 序列之间遵循严格的碱基配对,单个碱基的错配都将影响沉默效应。在靶标 mRNA 上选择不同的作用位点,将结合不同的 siRNA,因此,siRNA 设计实际上是靶标 mRNA 作用位点的选择。但是,Holen 发现在一些细胞中,并不是针对 mRNA 所有作用位点的 siRNA 都能产生同样的沉默效率,真正能高效降解靶标 mRNA 的 siRNA 并不多。因此,选择靶标 mRNA 上最佳的作用位点,即设计最为高效的潜在 siRNA,是 RNAi 实施的关键环节。

采用生物实验方法分析 mRNA 的最佳作用位点代价昂贵,将耗费大量的人力、物力和财力,因此,通过计算方法预测各个候选 siRNA 沉默效率,挑选其中最为高效的 siRNA,是保障 RNAi 有效执行的前提条件。研究 siRNA 沉默效率预测方法,具有重要的理论研究价值和实际应用价值。

近年来,对 siRNA 沉默效率预测一直是研究 RNAi 的热点问题,因此衍生了两代高效 siRNA 的沉默效率预测方法:基于规则的第一代 siRNA 沉默效率预测方法及基于机器学习的第二代 siRNA 沉默效率预测方法。

早期的 siRNA 数据集样本量并不多,因此主要利用统计学方法寻找符合 siRNA 不同沉默效率的规则,此时预测的 siRNA 的沉默效率不能量化,只能将 siRNA 分为高效 siRNA 或低效 siRNA。

2002 年,Elbashir 提出了第一个 siRNA 设计规则,主要包括三点:

(1)从一个给定 cDNA 的可读框选择靶标区域时,最好在起始密码子下游 50～100nt 选择,避开 5′-UTR 和 3′-UTR 或者靠近起始密码子区域,因为这些区域往往富含很多调控蛋白的绑定点。

(2)在 mRNA 序列中寻找序列 5′-AA(N19)UU,其中 N 是任意核苷酸,选择 GC 含量接近 50%的序列,32%～79%的 GC 含量被认为效果最好。如果没有 5′-AA(N19)UU 的序列存在,则寻找 5′-AA(N21)或者 5′-NA(N21)的序列。

(3)BLAST 搜索(https://blast.ncbi.nlm.nih.gov/Blast)确保靶向一个单独的基因。

Sayda M. Elbashir 的设计规则只关注 siRNA 本身的 GC 含量,并没有考虑 siRNA 的其他因素。

2003 年,Vickers 提出 siRNA 的沉默效率会受到靶标 mRNA 二级结构的影响。

2003年，Khvorova等对siRNA的内部稳定性进行分析得出，与siRNA的反义链5′端相比，3′端的热力学稳定性更低（Δ0.5kcal/mol），这更利于siRNA的双链解链及RISC装配，因此siRNA两端热力学不对称性也是siRNA沉默效率预测需要考虑的特性。

接下来一些学者对siRNA序列进行分析，给出一些基于序列的siRNA沉默效率预测规则。

2004年，Reynolds等系统分析了180个靶向两条mRNA的siRNA，得出了8条设计具有高沉默效率的siRNA规则：

（1）siRNA正义链的GC含量在30%～52%。
（2）siRNA正义链第15～19位至少有3个'A/U'。
（3）siRNA正义链序列不包含内部重复序列。
（4）siRNA正义链第19位为'A'。
（5）siRNA正义链第3位为'A'。
（6）siRNA正义链第10位为'U'。
（7）siRNA正义链第19位不是'G'或者'C'。
（8）siRNA正义链第13位不是'G'。

2004年，Tei等针对siRNA序列与沉默效率的关系也提出了4条规则，并认为只要siRNA同时满足这些规则，就能在哺乳动物细胞中引起高效的基因沉默：

（1）siRNA反义链5′端碱基为'A/U'。
（2）siRNA正义链5′端碱基为'G/C'。
（3）siRNA反义链5′端三分之一位置至少有5个'A/U'。
（4）siRNA反义链中没有超过9个连续的GC。

2004年，Amarzguioui通过分析46个siRNA得到一系列能够产生70%沉默效率的特征，并且将这些特征在34个siRNA上进行了验证。认为具有高沉默效率的siRNA正义链第1位为'C'或'G'，第6位为'A'，第19位为'A'或'T'，而具有低沉默效率的siRNA正义链第1位为'U'，第19位为'G'。

2004年，Hsieh等利用148个siRNA序列靶向30个基因，得出了与高效沉默相关的几个因素，包括：

（1）靶向mRNA编码区中间区域的双链沉默效率比较低。
（2）靶向mRNA的3′-UTR区的双链产生效果与靶向编码区效果几乎相同。
（3）每个基因中有4～5个高效靶点。
（4）产生超过70%沉默效率的siRNA序列在一些特定位置有很强的碱基偏向，最显著的是siRNA正义链中第11位为'G'或'C'，第19位为'T'。

除此之外，2006年，Takasaki通过量化个别位置碱基的权重选择高效siRNA的靶标序列。

表 1.1 将基于 siRNA 序列上针对单个碱基的设计规则转化为相应的分数，根据这些分数对 6 种 siRNA 设计规则进行对比。

表 1.1　siRNA 序列打分规则

siRNA 正义链位置	Algorithm	Reynold	Ui-Tei	Amarzguioui	Hsieh	Takasaki
1	A		−1	−1		−3.79
	C		1	1		
	G		1	1		7.4
	U		−1	−2		−3.75
2	A			−1		
	U			−1		
3	A	1		−1		
	U			−1		
6	A			1		2.33
	C				−1	
7	G					2.4
	U					−2.59
8	A					3.02
	G					−2.35
9	G					−2.35
	U					2.3
10	U	1				
11	C				1	
	G				1	
13	A				1	
	G	−1				
15	A	1				
	U	1				2.7
16	A	1				
	G				1	
	U	1				
17	A	1		1		
	U	1		1		
18	A	1		1		
	U	1		1		

续表

siRNA 正义链位置	Algorithm	Reynold	Ui-Tei	Amarzguioui	Hsieh	Takasaki
19	A	2	1	2		
	C	−1	−1			
	G	−1	−1	−1	−1	−2
	U	1	1	2	1	

siRNA 序列的热力学稳定性也是 siRNA 设计需要考虑的一个因素，2005 年，Chalk 收集了靶向 92 个基因的 398 个 siRNA，提出基于 siRNA 氢键能量分布的设计规则：

（1）siRNA 反义链 5′端结合能小于 9。
（2）siRNA 正义链 5′端结合能大于 5 且小于 9。
（3）GC 含量大于 36%且小于 53%。
（4）siRNA 中间位置（7~12 位）结合能小于 13。
（5）siRNA 双链两端自由能之差大于−1 小于 0。
（6）siRNA 总发卡环自由能小于 1。

Luo 等（2005）认为 siRNA 基因沉默效率主要依赖于 mRNA 靶标区域的局部结构，并提出结构因素可以通过一个单独的参数"氢键（H-b）索引"来表示，代表通过靶标区域的碱基与剩余的 mRNA 形成氢键的平均个数。同时提出 3 条选择高效靶标的规则：

（1）最好选择具有较低 H-b 索引的靶标区域（小于 25）。
（2）应该避免选择二级结构有发夹环的靶标区域。
（3）要考虑避开 mRNA 的 5′端和 3′端，因为这些区域有一些用于翻译调控的蛋白质，会阻碍 siRNA 和 mRNA 的交互。

以上方法利用规则对候选 siRNA 进行筛选，得到具有高沉默效率的 siRNA。该类方法普遍存在的问题是：使用 siRNA 数据集中样本量过少，因此部分规则存在相互矛盾的情况；一些规则不够具体，筛选之后还有很多候选的 siRNA；没有设置不同的权重区分规则的重要度；对 siRNA 沉默效率不能定量预测。因此，基于规则的 siRNA 沉默效率预测方法具有数据偏向性，规则之间不能统一，预测效果未能令人满意。随着 siRNA 样本量的逐渐增加，研究人员开始将机器学习算法应用到 siRNA 设计中。

为了建立基于机器学习的 siRNA 沉默效率预测模型，Saetrom（2004）首先将 Vickers（2003）、Kawasaki（2003）、Harborth（2003）、Holen（2003）和 Khvorova（2003）几个独立数据集的样本集合在一起形成一个新的数据集，该数据集中共有 siRNA 样本 204 个（101 个正样本和 103 个负样本）；2004 年，Saetrom 提出一个基于遗传规划（genetic programming，GP）算法的 siRNA 分类模型。将 GP 算法与 SVM 算法进行对比，结果显示 GP 算法优于 SVM 算法。该模型是第一个真正意义上使用机器学习算法预测 siRNA 效率的模型，但由于特征区分度不高，预测精度有待提高。

2005 年，Teramoto 开发一个利用 generalized string kernel（GSK）及支持向量机（SVM）进行分类的算法，该算法将 siRNA 序列表示为反映 1mer、2mer 及 3mer 子序列的特征空间，选出对分类有重要贡献的前 20 个子序列，其中包括 17 个 3mer 序列和 3 个 2mer 序列。该算法的一个优点是不需要任何先验知识就能得到对 siRNA 效率有贡献的参数，但由于数据集中仅包含两个靶向基因的 94 个 siRNA 样本，样本量过少不利于模型建立。

2006 年，Shabalina 从不同文献收集 653 个 siRNA 样本，建立基于人工神经网络的计算模型，该模型除了使用 siRNA 序列特征，还将 siRNA 及 mRNA 的热力学特征加入到预测模型中，热力学特征包括 siRNA 双链的 ΔG，siRNA 反义链的内部分子结构稳定性，局部靶标的 mRNA 稳定性，以及 siRNA 双链中每两个相邻碱基对的稳定性，等等。该算法首次将热力学参数加入机器学习算法中，并证明热力学参数的重要性，但使用的数据集从不同文献中收集，得到数据集的实验条件不同，测得的沉默效率因此不能统一。

一个优质的数据集是提高 siRNA 预测效率的关键，Huesken 通过高通量技术得到了 34 个靶向基因的 2431 条 siRNA，其中包括 siRNA 与 mRNA 的序列及已经标准化的真实沉默效率。该数据集被随机划分为两部分，训练集（2182 条 siRNA）和测试集（249 条 siRNA），Huesken 利用该数据集建立一个基于人工神经网络的 siRNA 效率预测模型 Biopredsi，该模型使用 siRNA 序列特征作为输入，实验结果显示预测值与实际值相关系数为 0.66。到目前为止 Huesken 数据集是在同样实验条件下提出的数量最多的数据集，为 siRNA 预测做出了极大贡献，接下来一系列 siRNA 预测模型都基于此数据集。

2005 年，Vert 利用 Huesken（2005）的数据集建立一个简单线性 siRNA 效率预测算法，为了能够更直观解释模型，该算法使用两类代表 siRNA 序列的特征（包括 siRNA 序列中每个位置出现的碱基及 siRNA 中短序列模序的全局含量），并利用 LASSO 回归方法作为特征选择算法去掉一些无关的信息。该算法通过分析这个线性模型探寻和量化在特定位置碱基偏好的影响，得到的结果表明大多数序列特征对 siRNA 效率都存在或正或负的影响。通过 Huesken 数据集测试，得到的真实沉默效率与预测效率相关度为 0.67，基本与 Biopredsi（2005）算法持平。

为了能够选择更好的 siRNA 设计工具，2007 年 Matveeva 通过 ROC 曲线及相关性分析对几个 siRNA 设计方法进行比较，最终认为 Huesken 的 Biopredsi、Shabalina 的 ThermoComposition-21 及 Vert 的 DSIR 是 3 个最好的 siRNA 效率预测

软件。而 Matveeva 对这些工具使用的特征进行分析，结合 RNAi 过程，建立了新的线性回归模型 siRNA scales。虽然实验结果表明该模型的预测效率与这 3 个工具的预测效率相差不多，但是与 Biopredsi 相比，该模型使用的特征与 siRNA 反应机制更加相关；与 ThermoComposition-21 相比，该模型不需要花费时间计算 RNA 二级结构，因此运算速度更快；与 DSIR 相比，该模型的参数更少。

2006 年，Ichihara 随后提出一个基于线性回归模型的 siRNA 预测算法 i-score (inhibitory-score)。该算法与 Biopredsi、ThermoComposition-21 和 DSIR 的预测结果相似，但该算法由碱基偏好性分数组成，因此比其他算法更直观。除此之外，Ichihara 等发现代表 siRNA 双链稳定性整体 ΔG 值是 siRNA 效率精确预测的关键，当排除热力学上更稳定的 siRNA，整体的预测效率有所提升。

2007 年，Peek 对已发表的 siRNA 效率预测算法及与效率预测相关的特征进行总结，并提出了新的算法。算法包括：基于神经网络的分类和回归算法；基于遗传规划的分类算法；基于决策树的分类算法及基于支持向量机的分类和回归算法；特征包括：特定位置的碱基组成；反义链的热力学参数；反义链的二级结构；与 microRNA 有区别的结构特征；N-gram；靶标 mRNA 的二级结构及靶标内多个反义链结合位点的能量。

2007 年，Jiang 等提出一种新的非线性的回归算法，首次使用随机森林算法量化 siRNA 基因沉默效率，使用的特征包括碱基的组成及热力学指数，通过实验验证该算法要优于 SVR 算法，与 siRNA 分类算法 Reynolds、Ui-Tei、Hsieh 及 Amarzguioui 相比，随机森林算法的预测效率更高。

2007 年，Katoh 通过分析靶向一条 mRNA 所有位置的 siRNA，发现 siRNA 序列上 $3n+1$ 位（4、7、10、13、16、19）的碱基组成与 siRNA 效率正相关。原因是这种 3nt 的周期性利于 TRBP 蛋白在 siRNA 序列上的绑定。Takayuki Katoh 首次提出 siRNA 的绑定蛋白与 siRNA 沉默效率有关，为 siRNA 效率预测领域提供了新的视角。

2009 年，Klingelhoefer 建立一个包含 6483 条靶向哺乳动物的公开验证的 siRNA，然后提出了基于随机逻辑的回归模型，模型中包含 497 个序列组成、结构及热力学的特征。算法发现了一些与 siRNA 效率相关的特征，包括已经被其他文献提出过的，如序列"UCU"的频率；以及没有被提出过的，如序列"ACGA"的频率。该算法与其他算法相比能够更直接地挖掘特征空间，发现一些新的特征。

2011 年，Baranova 考虑到 siRNA 的脱靶问题，提出一种新的 siRNA 设计算法，该算法与其他算法相比计算时间较少。该算法采用一种基于树存储方法，使用后缀树对所有可能短字符子串进行排列，对每一个人类基因提前计算一系列最佳 siRNA 位点（siRNA seat）。在 siRNA 位点中设计的 siRNA 则不太可能与非靶标结合。这些 siRNA 位点能够作为 siRNA 设计的规则输入到 siRNA 设计软件中。

2013 年，Liu 认为除了靶标序列特征，靶标区域上下文序列也会影响 siRNA 的效率。通过进一步的分析显示高效 siRNA 与低效 siRNA 靶标附近（上游 50nt 及下游 50nt）的局部 AU 含量明显不同，因此可以认为靶标上下游一些特定模序可能会影响沉默效率，可以作为 siRNA 效率预测的特征。实验结果显示，加入了靶标附近上下游特征之后，siRNA 预测效率有了较大的提高，结果也说明了 siRNA 与靶标的交互会受到靶标上下游序列的影响。

2015 年，Thang 提出一种新的通用框架去提高 siRNA 的预测效率，合并一系列已知的高效 siRNA 设计规则，利用这些规则建立能够代表 siRNA 序列的矩阵，然后利用一种半监督的回归算法预测矩阵的沉默效率。该算法的主要贡献是不再根据经验单独提取特征，而是利用已知的规则设置权重，因此为 siRNA 效率预测提供了新的思路。

2015 年，Murali 等提出一种新的总体自由能的神经网络模型框架用于预测 siRNA 的沉默效率，以及确定 siRNA 的脱靶影响的工具，该工具列出了针对靶标设计出的所有 siRNA，并且给出了与数据库中其他基因的序列相似度。该算法既考虑了特征融合，又考虑了 siRNA 的脱靶问题。

2016 年，Dar 等认为化学修饰对可以避免 siRNA 在治疗应用中的缺陷，因此开发了 SMEpred 工具分别用于化学修饰的 siRNA 的沉默效率，使用的数据库是 Dar（2015）提出的包含 3031 条化学修饰的 siRNA 序列的 siRNAmod。数据库中包括 30 个在 siRNA 两条链上经常使用的化学修饰。该工具通过 SVM 算法建立 siRNA 沉默效率预测模型，最终通过十折交叉验证得到的 PCC 值达到 0.8。

2016 年，He 等通过定量和定性分析 siRNA 序列。定量分析时采用四组有效的特征融合到一起，并提出新的 siRNA 与 mRNA 交互的热力学特征；定性分析时，将 siRNA 序列及已有的 siRNA 设计规则进行编码作为一种新的特征表示。最终融合定性分析和定量分析两种 siRNA 表达方式建立了一个基于 SVR 的效率预测回归模型。

基于机器学习的 siRNA 沉默效率预测方法，通过对数据集进行分析并提取有效特征，利用适配的机器学习算法建立 siRNA 效率预测模型。这些方法从大规模样本中提取具有区分能力的特征，比观察小样本总结提炼的经验规则更具代表性和适用性，因此第二代机器学习预测方法比第一代规则设计法更为有效。但这些方法也面临一些普遍问题，例如，基于机器学习的分类模型无法定量评估 siRNA 沉默效率，只能预测 siRNA 是否具有高沉默效率，然而，高效 siRNA 和低效 siRNA 之间并无生物学意义上的量化标准，因此不同算法常采用不同阈值进行划分，导致方法之间缺乏可比性。近年来，研究人员倾向于使用机器学习的回归模型进行 siRNA 效率预测，从而能够实现对候选 siRNA 沉默效率排序，为生物学家提供更有意义和价值的数据。在采用机器学习回归模型预测 siRNA 沉默效率时，有效的

siRNA 特征表示是高精度预测的前提条件，尽管已有的预测方法已经从多种角度抽取可能与 siRNA 沉默效率相关的特征，但仍有许多新颖的 siRNA 序列、靶标 mRNA 相关及 mRNA 和 siRNA 结合过程的生物学描述尚待发掘，而现有的特征提取主要依靠专家知识预定义特征模式，特征的描述能力具有一定局限性，因此 siRNA 特征提取方法还需要继续深入研究，具有特征学习能力的机器学习新方法有待进一步尝试。

在本书中，我们发现一种能够在序列水平上提高 siRNA 预测效率的特征，并在此基础上提出融合多种特征的随机森林预测模型定量预测 siRNA 沉默效率；同时，为了数据驱动地学习多模模序对 siRNA 沉默效率的潜在特征模式，本书设计不同尺寸的卷积核作为模序探测器，提出基于卷积神经网络的 siRNA 效率预测模型。本书主要包括以下研究内容：

第一，提出 siRNA 序列中二模模序和三模模序的位置编码新特征。已有的 siRNA 序列特征只关注单碱基位置、多模模序出现频率等，忽略了 siRNA 序列特定位置上二模模序和三模模序对 siRNA 沉默效率的贡献。本书首先利用已有的 siRNA 数据，统计分析 siRNA 序列不同位置的二模模序和三模模序在两类 siRNA 之间的偏好性。基于此偏好性，提出二模模序和三模模序的位置编码规则，并将该编码作为新的 siRNA 特征参与预测，实验验证该新特征的加入能显著提高预测效果。

第二，提出经重要度筛选的 siRNA 多种特征集合进行 siRNA 效率预测。我们发现综合 siRNA 单碱基编码、siRNA 和 mRNA 序列组成、热力学参数及二模模序和三模模序位置编码四类特征能得到更优的预测效果。根据随机森林模型的 z-score 评价这些特征对 siRNA 沉默效率的重要度，然后提出基于 z-score 的特征选择算法，去除弱相关特征形成最优特征子集。最优特征子集中包括许多已被生物实验证实与 siRNA 沉默效率相关的特征模式。实验结果显示，依托该最优特征子集建立的随机森林预测模型，效果优于原始特征集合建立的随机森林预测模型。

第三，开发高效 siRNA 在线设计平台 siRNApred。该平台运用上述最优特征子集训练随机森林预测模型，实现定量预测 siRNA 沉默效率，其访问网址为 http://www.jlucomputer.com:8080/RNA/[2017-12-9]（作者注：2017 年以后该网站不再维护，偶尔会出现无法访问的情况）。siRNApred 可根据用户输入的 mRNA 序列和碱基配对原则，产生候选 siRNA 集合并分别进行沉默效率评价，最终由高效至低效依次输出候选 siRNA 的沉默效率预测结果。比较实验数据显示，siRNApred 比 Biopredsi、i-score、ThermoComposition-21、DSIR 等已有 siRNA 设计工具效果更佳。

第四，首次将卷积神经网络应用于 siRNA 设计中，设计不同尺寸卷积核探测多模模序对 siRNA 沉默效率的贡献，发现通过 6×4 至 19×4 共 14 种尺寸卷积核能更充分地将多模模序对 siRNA 沉默效率预测有意义的线索，并蕴含于生成的特征模式中。这种方法提取的特征无需依赖专家知识预定义特征模式，由大规模数据训练的卷积核权值自主学习产生。实验证明这种方法学习的特征具有更强区分能力。

第五，提出并验证基于卷积神经网络的 siRNA 效率预测模型。该网络包含一个卷积层、一个池化层和一个输出层。在卷积层以不同尺寸的卷积核作为模序探测器，搜寻多模模序表达模式，并通过池化层选取其中最具代表性的分量作为特征描述，最终利用逻辑回归整合各个特征描述，产生 siRNA 沉默效率预测结果。结果显示该网络获得的 PCC 值和 AUC 值分别达 0.717 和 0.894，均高于 Biopredsi、DSIR 及 siRNApred 方法。

1.3　研究内容及意义

蛋白质编码基因是物种存续不可或缺的原材料，但非编码基因却以较低的转录水平引导生命的发展方向，非编码基因的鉴定及功能注释是当前遗传信息研究的热点问题。广泛存在于公开数据库和零散文献中的海量生物芯片数据是认知生物遗传信息的"知识宝库"。这些数据由于实验背景差异较大，通常情况下并不具有可比性；同时也因为缺乏可靠的数理分析工具，多数数据只是经过简单的差异统计即被搁置一旁。本书围绕非编码基因的鉴定及其功能预测方法，提出由不同的基因芯片数据驱动，借助计算方法构造生物网络，预测非编码基因功能。进一步挖掘与 siRNA 沉默效率相关的特征，并综合多种 siRNA 特征表示和特征选择算法，建立依据生物学属性的最佳特征集合，并在随机森林分类器上提升 siRNA 沉默效率预测效果；同时，设计合理的卷积神经网络结构，数据驱动地学习多模模序潜在特征模式，从而设计更高效 siRNA。提出了两个 siRNA 效率预测模型，并详细描述了每个模型的细节，设计比较实验验证这两个模型的精度，结果显示本书方法与当前主流的 siRNA 沉默效率预测方法相比性能均有所提升。具体工作包括以下 5 个方面：

（1）对非编码基因的生物特征进行研究和分析。从生物学原理及计算预测两个层面对非编码基因的特征进行研究，分析 lncRNA 的核酸序列可读框长度、密码子偏好性、密码子替换频率、序列保守性及 lncRNA 的二级结构等，为本书后续工作打下基础。

（2）提出全基因组水平的非编码基因功能预测方法。虽然有多种多样的证据证明不同的非编码基因序列具有重要的生物学功能，但大多数情况下具体到一条非编码基因的功能始终是不明确的。根据前述非编码基因特征研究，本书提出一种基于编码、非编码芯片数据的双色共表达网络构建方法，以反映 lncRNA 与编码基因的功能关联。以 Affymertrix 公司所生产的 Human HU133A 芯片为例，进行非编码基因注释，并对所注释的非编码基因进行功能预测。

（3）提出全基因组水平的非编码持家基因预测方法。持家基因是维持细胞基本功能所需要的组成型基因，它们通常在所有组织类型和细胞阶段稳态表达，这一特性使持家基因可作为芯片数据标准化操作中可靠的参照物。为了使更多来自于不同生物背景的芯片数据具有可比性，本书提出一种基于傅里叶分析的方法将来自基因芯片的时序数据转换为傅里叶谱，利用有监督的学习方法 SVM 提取傅里叶谱的频率特征，用以鉴定非编码持家基因。

（4）首先提出将二模模序和三模模序位置编码作为 siRNA 沉默效率预测的新特征，其次提出基于 $z\text{-}score$ 的特征选择算法并对 siRNA 单碱基编码、siRNA 和 mRNA 序列组成、二模模序和三模模序位置编码及热力学参数进行特征筛选，最后开发 siRNA 沉默效率在线预测平台——siRNApred。

（5）设计用于探测 siRNA 序列中多模模序特征模式的卷积核，提出并验证基于卷积神经网络的 siRNA 效率预测模型。

以计算机为主要分析工具的生物信息学可为研究具体生物问题和设计生物实验提供有价值的参考，降低大规模生物实验筛选研究对象的人力、物力消耗，加快问题研究的进程，同时也丰富了信息科学中算法研究的内涵，拓展了算法研究的外延，具有重要的理论意义和应用价值。本书所提出的网络模型和预测算法不仅可以较好地解决当前非编码基因的鉴定与功能注释问题，对其他领域相似数据分析也同样具有借鉴意义。

第 2 章　非编码基因特征研究

基因非编码序列是生命体内与编码基因同等重要的遗传物质，这类基因的转录产物 ncRNA 不具有蛋白质编码功能，但 lncRNA 独特的生物特征、参与几乎全部生物过程并且在癌症等复杂疾病的病程中起重要作用。lncRNA 的空间结构与 mRNA 序列有很多相似之处，如 5′端存在 box 结构、3′端通常以 PolyA 结尾、剪接方式方法一致，Bu 曾提出将 lncRNA 命名为 mRNA-like，这种命名方式并不恰当，因为 lncRNA 在序列、构象及功能三个方面都具有其独特的统计特征和生物特征。

lncRNA 分子在生物过程中调控翻译、转录、表达的重要作用已经得到越来越多的文献支持。如 Pongting、Bartolomei、Brockdorff、Tian 发现某些 lncRNA 表达水平异常与性染色体失活正相关，*Xist*、*H19* 等 lncRNA 作为顺式或反式调控原件直接或间接调控其上下游基因的表达，对生命体的表观遗传性状有重要影响；lncRNA 与蛋白质 *PRC2* 形成复合体调控其他基因表达，并且这一调控方式与胚胎干细胞的干性密切相关。Huarte 发现一条 *hnRNP-K* 在 *p53* 这一抑癌基因的调控表达通路中有重要的相互作用机制。Cesana 在小鼠中发现一条内源性的 lncRNA 通过与 miRNA 争夺靶基因靶点的方式调控小鼠细胞的分化过程。Guttman 于 2012 年详细地研究了 lncRNA 的生物学功能复杂性与多样性并预测了部分人类 lncRNA 生物学功能及与其他生物大分子的相互作用机制，给出 lncRNA 行使其生物功能是依靠与其他生物大分子形成复合体的结论。有研究已经证明 lncRNA 与糖尿病、癌症等复杂疾病的发生发展有着密切的关系。层出不穷的关于 lncRNA 的研究成果已经使生命科学、计算科学等诸多领域专家达成了应对其进行更深层次研究的共识。

本章将对 lncRNA 的生物、统计特征进行详细分析，非编码 RNA 序列的类型庞杂，不同的研究对象、着眼点或研究手段往往会得到大相径庭的研究结果。核苷酸序列长度在 200nt 以内的 ncRNA 生物特征研究开展得较早，也取得了很多有价值的研究成果。小 ncRNA 在一级核苷酸序列和二级平面结构上都有一批典型特征：如 pre-miRNA 中往往会出现发卡环结构，通过剪接酶的进一步处理，其茎区可以剪接出成熟的 miRNA，这种机制已经由生物实验证明。研究人员凭借确定的小 ncRNA 的生物学机制，在靶标靶点预测、功能预测等方向取得了长足的发展。lncRNA 的研究与上述情况恰恰相反，由于 lncRNA 不具有显而易见的或者共性的统计特征、生物学特征，无法采用标准化的技术手段进行批量研究。lncRNA 具有超过 200nt 的核苷酸序列，其成熟的方式与传统意义的 mRNA 序列类似，在序列组成、空间构象和生物学特征上也存在有许多相同之处，但究其根本无论是核苷酸序列本身还是其二级平面结构或三级空间结构都是为了行使其独特的生物学功能，因此不能一概而论。以下将深入分析比较 lncRNA 与编码序列生物特征的异同，为鉴定新的 lncRNA 打下基础，分析的具体内容包括 lncRNA 的可读框、lncRNA 核苷酸三聚体替换频率、lncRNA 核苷酸三聚体的构成偏好及非编码序列同源性和保守性等。

2.1 非编码基因生物统计特征分析

2.1.1 lncRNA 平面构象

预测转录本的二级平面结构是研究转录本功能的一个重要研究方法。RNA 二级结构组件如图 2.1 所示。

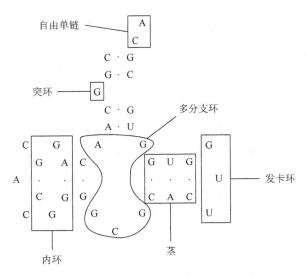

图 2.1　RNA 二级结构组件

序列末端没有形成配对的单链称自由单链（unstructured single strand），连续的碱基配对相互堆积构成茎（stem），不形成互补配对的单链结构称为环（loop）。转录本的二级核苷酸结构主要由茎区、环区和单链构成，其中茎区的平面结构是固定的，而环区又可以分为内环（internal loop）、突环（buldge loop）、发卡环（hairpin loop）和多分支环（multibranched loop）等。转录本的茎区和环区共同形成的子结构称茎环结构（stem-loop）或发卡环结构。茎环结构具体可以分为 14 种情况，包括：发卡环与单链、凸环与单链、内环与单链、多分支环与单链、发卡环与发卡环、发卡环与凸环、发卡环与内环、发卡环与多分支环、凸环与凸环、凸环与内环、凸环与多分支环、内环与内环、内环与多分支环及多分支环与多分支环。本书对编码核苷酸序列和长非编码核苷酸序列平面结构中的发卡环进行分析比较，探查在 lncRNA 的平面结构是否具有可观测的生物学或统计学特征。首先维也纳大学开发的 RNA 二级结构分析平台维也纳软件包（http://rna.tbi.univie.ac.at/，RNA Package）预测公开数据库及文献报道中的 18 541 条 lncRNA 及 33 147 条编码序列的二级平面结构，分别选取长度特征完全一致的 31 147 条 lncRNA 和 mRNA 转录本的平面构象进行统计分析，结果如下：①所有 31 147 条 lncRNA 与编码序列的茎区长度与环区的分布区域基本一致，但是 lncRNA 转录本中包含长的茎区长度及单个环区长度与编码 RNA 序列相比较显著增长，lncRNA 转录本中包含跨度小的茎区长度及单个环区长度与编码 RNA 序列相比较显著下降，如图 2.2 所示具体为茎区长度大 22nt 的发卡结构在 lncRNA 中出现 166 次，而在 mRNA 中只出现了 45 次，从图 2.3 可以观测到不同茎区长度的长发卡环整体分布差异为 lncRNA 中普遍包含长度较长的大型发卡环，而编码核苷酸序列不具有这一趋势。Maenner 曾在 2010 年撰文阐明在对 *Xist* 基因的分析中他发现较长的茎环结构与转录过程中的一些调控事件有直接关系。综合上述证据，通过对 lncRNA 转录本平面构象的初步分析，在 lncRNA 转录本中所出现的大量长茎环结构与 lncRNA 自身的功能是正相关的。②如图 2.4 所示，进一步分析发现 lncRNA 与 mRNA 每条序列中各种茎环结构的分布趋势基本趋同，但是单条 lncRNA 与 mRNA 进行比较，作者发现核苷酸序列长度较长的茎环结构出现在 lncRNA 中的频率比出现在 mRNA 中的频率高很多，反之核苷酸序列长度较短的茎环结构出现在 lncRNA 中的频率比出现在 mRNA 中的频率低很多，每条长 lncRNA 中茎区长度在 4nt 以上的发卡环数量明显多于 mRNA 中所包含的数量，由图 2.5 可以观测到每条核苷酸序列不同茎环长度分布差异的平均值，lncRNA 的平面构象所包含的长茎环结构普遍多于编码序列所包含的长茎环结构。

2.1.2　lncRNA 密码子替换频率

定义密码子替换频率（codon substitution rate）ω，代表核苷酸序列进行替换时同义密码子与非同义密码子作为替换的比率，这个比率用以衡量生命体的核酸序列在进化过程中一个密码子所面临的来自自然选择的压力。当 $\omega = 1$ 时，说明这一核苷酸序列并未受到自然选择的压力，变异属于自然变异；当 $\omega < 1$ 时，说明这一核苷酸序列受到纯化选择压力；当 $\omega > 1$ 时，说明这一核苷酸序列所受

第 2 章 非编码基因特征研究

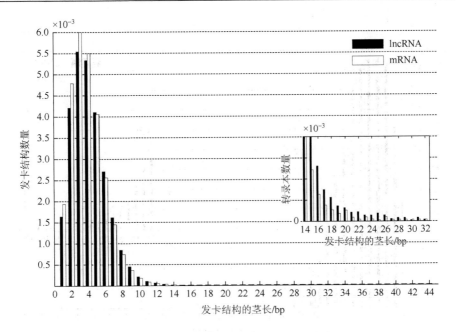

图 2.2 发卡结构在 RNA 序列中的分布

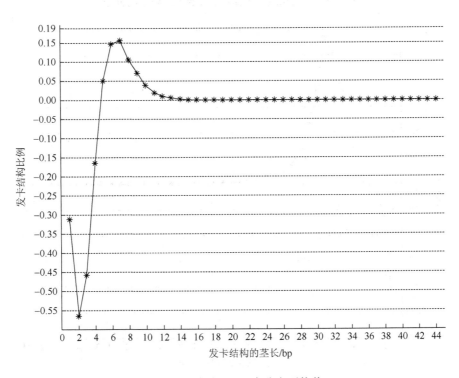

图 2.3 发卡在 RNA 中分布平均值

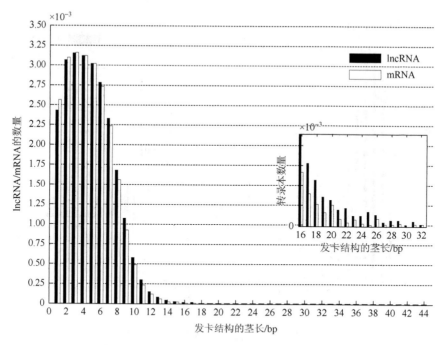

图 2.4 不同长度发卡结构在 RNA 序列中的分布

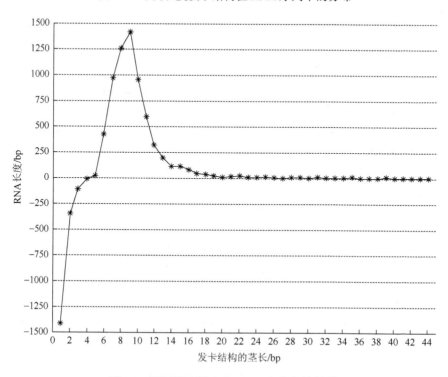

图 2.5 不同长度发卡在 RNA 中分布的差异

到的选择压力是正向的。假设某一核酸序列在某一物种内经历了长期的自然选择过程后仍可在该物种的体内检出,则说明这一核苷酸序列的纯化选择倾向非常显著。研究结果显示已知大部分的核苷酸编码序列的密码子替换频率具有 $\omega<1$ 的显著特征,Ikeo 就曾在 3428 个蛋白质编码序列中观测到其中 17 条 $\omega>1$,约占总数量的 0.49%。生命体的编码核苷酸序列在漫长的进化过程中,为了使同义密码子替换也就是相同的蛋白质编码可以延续下去,而使那些会改变蛋白质编码的非同义密码子替换则处于更容易被淘汰的位置。判断某个核苷酸区域是不是在进化过程中所受到的自然选择压力与蛋白质编码区域相同,可以推测这个序列是 lncRNA 还是 mRNA。Ponting 曾利用与本书中相似的方法度量一条转录本的突变速率和与空间位置相邻的不承受自然选择压力的序列进行对比,在实验中 Ponting 选择来自小鼠转录组的 3111 条非编码转录本序列,对照数据显示小鼠与大鼠的突变速率比为 0.899,而人与小鼠的突变速率比为 0.948,这一结果的意义在于未受到自然选择压力的中性进化过程中,处于进化树相对较近位置突变速率为 10%,大于处于进化树相对较远位置 5%,lncRNA 中存在的非中性突变速率是纯化选择压力作用的直接结果。

2.1.3　lncRNA 核苷酸三聚体分布

生物遗传信息都有 64 种核苷酸三聚体,这些密码子实际只编码 20 种氨基酸,生物体的所有功能都是通过这 20 种氨基酸的不同组合方式得以实现的,少数氨基酸只有 1 个密码子与之对应,其他大部分氨基酸有 2~4 个冗余密码子与之对应,这样的编码方式中编码同一氨基酸的密码子称为同义密码子。作者研究发现密码子被翻译成氨基酸的过程中,不同密码子的出现并非是随机的,它们的排列方式有着明显的规律可循,这种现象称为密码子偏好性。出现这种现象的原因是生物体核苷酸三聚密码子的排列偏好有利于蛋白质低稳定表达,并且由于基因突变的现象那些不够稳定的三聚体比较容易发生变异,这一特征也可作为区别编码基因和非编码基因的手段。

2.1.4　lncRNA 序列保守性分析

如果一条核苷酸序列具有一定程度保守性,通常代表该序列具有某种不可或缺的生物功能。美国麻省理工学院的科学家通过对一些位于编码基因上下游的 lncRNA 展开核苷酸序列分析发现这些位于编码基因间的外显子(exon)比另一些随机挑出的基因相比具有明显的保守倾向,这种倾向在蛋白质编码序列的外显子区域则更明显,并且这种倾向在编码基因序列的内含子(intron)区域也同时出现。

位于基因间区域的 lncRNA 的操纵子和剪切位点均具有较强的保守性,这种情况与蛋白质编码基因序列非常相像。Frith 发现虽然较高序列保守性可以表征功能,但一条核苷酸序列缺乏典型的序列保守性也不能说明其不具备现实的生物功能,这种情况出现在 lncRNA *Xist* 中,该序列基本无保守性可言,但其同样具有重要的生物学功能,并且这个现象更直接说明此类 lncRNA 长期在正向选择的压力下不断进化。

2.1.5 lncRNA 可读框特征分析

以往的研究表明,基因编码序列的可读框(open reading fram,ORF)区域有作为氨基酸序列模板的功能,转录为 mRNA 后指导蛋白质的合成。作者对 FANTOM 数据库中的 lncRNA 比较分析发现,其中多数转录本都不具备长度超过 300nt 的 ORF,此特征可以视为区分编码核苷酸序列与非编码核苷酸序列的重要指标。Dinger 在鉴定编码核苷酸序列的过程中,借由限制使用可读框的长度来保证编码序列预测的准确度;在 FANTOM 计划的后续研究中,使用序列长度超过 300nt 的可读框这一准则鉴定新的蛋白质编码序列。与前述情况类似,在鉴定新的 lncRNA 过程中,同样可以通过判定序列可读框的长度辅助,只是与上述准则相反,在判定 lncRNA 的过程中要选择序列可读框长度小于 300nt 的部分。需要注意,虽然这是个行之有效的鉴定规则,但部分 lncRNA 并不适用于此规则,如 *Mirg*、*KcnqOT1*、*Xist*、*Gtl2* 等 lncRNA 都包含大于 100 个密码子的可读框,但这只是少数情况,并不影响此判定准则的普适性。

2.2 lncRNA 功能特异性分析

大规模的 lncRNA 测序数据与表达谱数据使得 lncRNA 是有功能而并非转录垃圾的论点有着强有力的数据支撑,但这只是表象,众多 lncRNA 的个体功能却并未如爆发式的实验数据一样被我们解读。传统的分子生物学实验只能对 lncRNA 做定性研究,并不能给出更有说服力的定量数据。通过信息科学相关方法挖掘 lncRNA 与其自身和其他生物大分子的相互关系仍是预测其功能的重要手段。lncRNA 与编码核苷酸序列在不同物种的不同组织中的多细胞系表达谱数据,形成 lncRNA 与编码核苷酸的相关性矩阵,再使用双向聚类的方法将 lncRNA 与一些编码基因进行关联研究,对编码核苷酸序列样本库加以生物功能富集分析策略,可以判别目标 lncRNA 是否同样具有生物学功能。实验结果显示 lncRNA 不仅具有多样性的复杂生物学功能,同时这些大分子的功能也具有一定的特异性:

（1）lncRNA 可能参与复杂的代谢通路，Mtehsil 通过 RNA 芯片表达谱分析了全基因组范围的 lncRNA、蛋白质编码序列的稳定性，发现虽然 lncRNA 的半衰期变化范围较大，但大多数 lncRNA 都比较稳定，并且其半衰期的均值远远小于与之共表达的 mRNA，这就暗示着 lncRNA 的代谢机制和功能可能比蛋白质编码序列更为复杂。

（2）lncRNA 可能参与复杂的调控事件并起关键作用，部分 lncRNA 稳态表达对转录水平调控、转录后水平调控、染色质修饰都有一定作用。

（3）因其本身表达具有时空特异，lncRNA 的表达水平与某些时空特异的生物过程正相关，lncRNA 在脑部、胚胎干细胞中空间特异表达，并且这种表达伴随细胞系某一特定的发育条件是 lncRNA 表达的时间特异性。

（4）lncRNA 与复杂疾病的发生、发展密切相关，大量人类癌症组织的表达谱数据可证明这一观点，lncRNA 或许可以作为糖尿病、癌症等复杂疾病的入手点，他们的表达异常或许正是这些疾病难以治愈的真正原因。

lncRNA 的调控机制十分复杂，有很多样式和种类，远远不像我们所了解的 microRNA 的调控那样单一和保守。Jeremy 根据功能对其进行了划分，分为以下 8 个类型（图 2.6）。

（1）转录抑制（transcriptional interference）：lncRNA 基因，由于其自身的转录，会对 RNA 聚合酶Ⅱ在下游基因启动子区域的汇集产生很强的抑制效果，进而使存在于其下游蛋白质编码基因的表达水平下调。

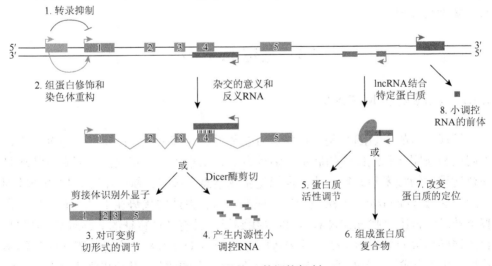

图 2.6 lncRNA 的调控机制

（2）组蛋白修饰和染色体重构（induce chromatin remodeling and histone modification）：在基因组位置上有些 lncRNA 基因的点位正好处于编码基因的上游

启动子区域，这些 lncRNA 基因会通过自己的转录事件而使染色体发生重组，从而使其结构发生变化，这种变化影响了处于这些长非编码基因下游位置的蛋白质编码基因的表达情况。

（3）对可变剪切形式的调节（modulating alternative splicing pattern）：mRNA 与它反链上的 lncRNA 互补配对结合，这种结合方式严重地影响了剪切酶对可变剪切位点的特异性识别，进而导致了一些新的可变剪切体的产生。

（4）产生内源性小调控 RNA（generate endo-siRNA）：lncRNA 被内切酶 Dicer 剪切而产生出一些内源性的小的调控 RNA。

（5）蛋白质活性调节（modulate protein activity）：lncRNA 通过与某些蛋白质相互结合，形成了复杂的蛋白质复合物，以此改变了蛋白质原来的活性。

（6）组成蛋白质复合物（structural or organizational roal）：lncRNA 与某些蛋白质相互结合可以形成具有复杂功能的蛋白质复合物。

（7）改变蛋白质的定位（alter protein localization）：lncRNA 通过与某些蛋白质相互结合，形成了复杂的蛋白质复合物，以此改变了蛋白质原来的定位水平。

（8）小调控 RNA 的前体（small RNA precursor）：lncRNA 经常会作为一些小调控 RNA 的前体出现。

根据上面介绍的八类机制，我们可以清楚地了解到，lncRNA 的调控功能十分复杂，并且参与到了各种各样的生命过程之中。对 lncRNA 调控功能的研究和报道多是在脑部、神经和发育，而现在随着关注热点的增加，其生物学功能正在越来越多地被发现。

2.3 鉴定 lncRNA

2.3.1 发现新的 lncRNA

发现全新的 lncRNA 是一项既富有挑战性又充满创造力的研究，迄今为止，不同的科研团队已经向我们展示了多种方法，结果也不尽相同，但所有方法均是联合运用生物技术和计算方法，也就是生物信息学技术，缺一不可。生物全基因组的从头做（de novo）方法是最早出现的，这种方法的优势在于"大而全"，在整个转录组范围寻找 lncRNA，可以寻找到很多具有共性特征的 lncRNA，但同时它的缺陷也很明显，由于研究并未考虑全基因组 lncRNA 时空特异表达的生物学特性，这就造成该方法研究对象模糊，不能做到有的放矢。其后出现了基于 cDNA 文库和 EST 数据预测 lncRNA，这种方法在构建全长 cDNA 文库后结合表达序列标签（expressed sequence tag, EST）寻找可能的 lncRNA，由于 lncRNA 的转录过程具有很强的独立性，其空间构象也具有独特性，参考这些信息将数据挖掘等计算方法应用于生物实验数据，也可以发现一批全新的有生物学功能的 lncRNA。Guttman 通过生物实验对 lncRNA 的转录过程进行了研究，他发现 RNA 聚合酶 II 开始转录一个基因的同时，在该基因上游的启动子区会出现一个组蛋白修饰信号 *H3K4me3*，在其余的转录区域这个组蛋白修饰信号会一直伴随该基因转录结束，基于这一观测到的现象提出以组蛋白修饰特征预测 lncRNA，并将其预测的 lncRNA 命名为 lincRNA（long intergenetic noncoding RNA，长基因间非编码 RNA）。Guttman 等通过染色质免疫共沉淀的测序方法在全基因组水平筛选成对出现的 *K4*、*K36* 修饰信号，在小鼠编码蛋白质的基因间发现了 1600 条 lncRNA。基因芯片公司 Affymetrix 于 2010 年开始提供商业 lncRNA 芯片，这种技术是采用光导原位合成的转印方法将 lncRNA 探针固定在载体芯片上面，芯片上的探针与 lncRNA 进行杂交反应，最后通过杂交信号的强弱及分布来判定有无目标 lncRNA，这种方法只能定性判定目标是否存在，无法给出更具有科学意义的定量数据。

2.3.2 lncRNA 与 mRNA 区别

预测一条全新的 lncRNA 构建其全长转录本是非常重要的一个环节，在构建完毕后参考序列生物学特性通过计算方法预测一条 lncRNA 的真实性和可靠性。确定某一待测转录本的核苷酸序列后首先要预测是编码序列还是非编码序列，才能最终认定这条转录本是 mRNA 还是 lncRNA。上述过程一般通过可读框预测、转录本序列特征分析及转录本三联密码子替换频率等手段实现，常用的计算模型包括支持向量机模型（supporting vector machine，SVM）、隐马尔可夫模型（hidden Markov model，HMM）等。

下面介绍几种应用最多的 lncRNA 与 mRNA 预测软件以探讨如何准确区别这两种分子。①CSF：CSF 预测方法是由美国麻省理工学院与美国哈佛大学共同组建的 Broad Institute 提出，该方法通过度量核酸序列的密码子替换频率推断某一转录本是 mRNA 还是 lncRNA，一种生物在漫长的进化过程中始终面临自然选择的压力，为了保持对其生存有益的功能稳定遗传，生物的密码子替换频率均有一些特征可以通过统计分析被发现，该方法构建了 mRNA 与 lncRNA 密码子替换频率矩阵，通过大规模的数据输入及模型训练，可以得出基于两类 RNA 密码子替换频率特征矩阵的数学模型用以判定某一转录本是 mRNA 还是 lncRNA，序列是属于编码区域还是非编码区域。②CPC（coding potential calculator）：由北京大学 Kong 研究组开发，该方法基于 SVM 模型将 RNA 编码能力预测抽象为一个两类的分类问题，首先提取经生物学严格确认的 mRNA 和 lncRNA 的核苷酸序列特征对 SVM 分类器进行训练，分别确定正样本和负样本可读框特征与数据库中存储的蛋白质序列进行交叉对比，可以获得基因序列编码能力特征分类器，最后由一个包含编码能力特征的打分矩阵度量某一转录本的蛋白质编码可能性。③吉林大学与中国科学院计算技术研究所共同提出了 CNCI（coding-non-coding index）方法，该方法基于 mRNA 和 lncRNA 序列中邻接密码子分布有偏的统计特征，可以在不参考任何现有序列注释信息的前提下，分类 mRNA 与 lncRNA。④PhyloCSF：Broad Institute 提出可以通过引入基于序列比对的进化计算判定编码序列或非编码序列，原理是序列比可以揭示部分序列间的进化关系，由此建立基于序列比对的序列三聚体模型，两种序列三联密码子模型所包含的概率可以度量某一序列是编码序列还是非编码序列。

2.4 非编码基因数据库

伴随着生物信息领域对 lncRNA 的研究不断深入，规模庞大的 lncRNA 实验数据迅速地积累起来，这些数据的载体各不相同，有的批量收录于传统的综合遗传数据库，有的收录于专门的非编码序列数据库，有的只是孤立地出现在文献中。可以查询到部分 lncRNA 的传统综合数据库包括如 UCSC、RefSeq、Ensemble 等。同时也有一批专门收录 lncRNA 的数据库可供研究者使用，详细列于表 2.1。中国科学院生物物理研究所和中国科学院计算技术研究所共同维护的 NONCODE 是专业非编码 RNA 数据库中的佼佼者，从 2005 年第一版问世到最新的 4.0 版本，该数据库已经收录了 210 831 条 lncRNA，是迄今为止世界上 lncRNA 数据收录规模最大的专业数据库。NONCODE 包含了 2015 年 2 月以前已全部公开的有关鼠和人类的 lncRNA 数据，并且其一直保持一个月一次的较短更新周期。另外值得一提的是，lncRNA 数据库的选择性也是多样化的，以不同的视角也有诸如 Cabili、Guttman 等维护的小型 lncRNA 数据库及英国剑桥大学出资维护的以人类癌症组织中特异表达的带有 PolyA 尾巴的高通量测序数据，其中包括肝、肺、前列腺等不同患病人体器官的不同细胞周期组。

表 2.1 lncRNA 专业数据库

数据库名称及版本	数据库网址
RNAdb v2.0	http://research.imb.uq.edu.au/
FANTOM v5.0	http://fantom.gsc.riken.jp/5/data/
H-Invitational v8.3	http://h-invitational.jp/hinv/ahg-db/index.jsp
NONCODE v4.0	http://www.noncode.org/
lncRNAdb v3.4	http://www.lncrnadb.org/
fRNAdb v1.0	http://www.ncrna.org/frnadb/
Rfam v12.0	http://rfam.xfam.org/
NRED v1.0	http://www.lncrnadb.org/
lncRNAdb v3.4	http://biobases.ibch.poznan.pl/ncRNA/

lncRNA 因为其在生物过程中有重要的生物学意义及复杂的生物功能，正在成为 RNA 研究的热点问题。本章分析讨论了 lncRNA 的生物特征，分析了主流的 lncRNA 识别手段和收录 lncRNA 的几种数据库；接着从核苷酸序列和序列平面构象两方面对 lncRNA 的生物特性做深入讨论，详细阐释了 lncRNA 具有独特生物功能的论断。生物芯片技术所产生的海量数据，辅以适当的信息学手段可以描绘出全基因组范围的 lncRNA 功能蓝图。鉴于 lncRNA 在生命过程中起到的如此重要的调控作用，lncRNA 的鉴定和收录工作则会有利于帮助科研人员对各种疾病在分子调控水平的进一步研究和探索。但到目前为止，lncRNA 的收录还相当欠缺，特别是对那些注释信息较少的物种，其 lncRNA 很少有被鉴定出来。因此，开发出一种高效、准确地从大量新的或已知的转录本中鉴定 lncRNA 功能的方法势在必行。

第 3 章　基于数据驱动的编码基因功能注释

尽管有越来越多的证据可以明确非编码基因具有多样且复杂的生物学功能，但绝大部分人类非编码基因到底具有什么功能？这个问题对于当前非编码基因研究水平来说依然是未知数。通过前期调研，作者发现高通量表达谱芯片中暗含了大量的不为我们所知的 lncRNA 信息。本章提出基于数据驱动的方法，构建编码基因与非编码基因的共表达网络，在基因表达谱芯片中鉴定非编码基因并注释其功能。该方法通过重注释 Affymetrix 公司所构建的 HG-U133A 芯片平台，被重注释出的 lncRNA 功能多样，主要涉及器官发育、细胞内转运、代谢过程。

3.1　生物芯片非编码基因重注释

3.1.1　HG-U133A 芯片平台

在过去几年中，过快的基因组信息更新使得生物芯片的注释精度不断下降。Mercer 鉴定了在成年小鼠大脑细胞中特异表达的 849 条 lncRNA；美国科学家通过重注释 GNF 基因芯片的探针，发现了约 1000 条在人类和小鼠 T 细胞中高表达的 lncRNA。Affymetrix 公司构建的人类基因芯片 HG-U133A（GEO 编号 U95A），含有超过 25 000 个探针靶向 14 500 个人类基因，在过去的 10 年中该芯片在生物研究领域中得到了非常广泛的使用，NCBI 中有大量基于该平台公开的数据可供下载。通过对 Affymetrix HG-U133A 这种人类基因芯片的测试，我们确定这种芯片同样存在大量的探针注释错误，占总量 41% 的探针非特异性匹配多条基因序列，占总量 9% 的探针不能与任何基因组序列匹配。很多曾经被认定为基因片段的 EST 已被证明实际是 lncRNA 的片段，根据这些 EST 序列片段设计的表达谱芯片探针实际匹配的是 lncRNA，接下来本书将探讨如何重注释含有错误信息的生物芯片。

3.1.2　芯片探针定义重注释

本章设计一个计算方法，并将其应用于 Affymetrix 公司的人类基因芯片

HG-U133A，以明确芯片中到底哪些探针是 lncRNA 而哪些探针是编码序列。通过 BLASTN 将 Affymetrix 公司提供的 HG-U133A 探针序列(http://www.affymetrix.com) 与 ncRNA 数据库 NONCODE 4.0 和编码基因数据库 RefSeq 分别进行序列比对，确定哪些探针是真正的编码序列探针，哪些实际上是 lncRNA 序列探针。工作流程如图 3.1 所示。

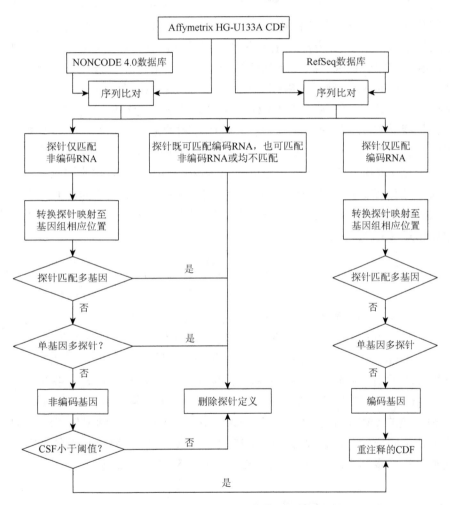

图 3.1　芯片探针重注释的流程

（1）对探针定义进行第一次筛选，保留与参考数据库匹配的探针，删除那些均不能与 NONCODE 4.0 或 RefSeq 数据库中序列匹配的探针。

（2）分别删除探针集合中既与 NONCODE 4.0 完全匹配又与 RefSeq 完全匹配的或与参考数据库完全不匹配。

（3）将筛选后的探针分别标注在基因组对应的位置。

（4）删除探针匹配数量小于 3 的基因。

（5）删除密码子替换频率小于阈值的非编码基因。

（6）使用 makecdfenv 封装文件（http: //www.bioconductor.org/packages/2.5/bioc/html/makecdfenv.html）生成 HG-U133A R-CDF。

根据上述重注释流程，HG-U133A 平台中被重注释为 lncRNA 的探针中仍会有一部分真正匹配编码基因的序列。为了提高重注释的可信度，需将这些序列过滤出来，本书使用 CSF 方法。定义两个密码子替换频率打分矩阵 CSM 分别关联编码基因和非编码基因。编码序列外显子比对数据来自于 UCSC 基因组浏览器，包括人类在内的 30 个物种。编码序列的密码子替换频率矩阵与 RefSeq 中的外显子进行序列比对，不包括靶向 HG-U133A 芯片中的探针，使用与非编码序列替换频率、长度分布一致的编码序列训练非编码序列的密码子替换频率打分矩阵。非编码序列训练数据都是从 UCSC 中挑选的未被注释的随机重复序列和基因间序列。基于上述非编码序列和编码序列比对训练数据，可以创建非编码序列和编码序列的 CSM，CSM^N 代表非编码基因的密码子替换频率打分矩阵，CSM^C 代表编码序列的密码子替换频率打分矩阵，由 CSF 指定密码子替换 (a, b)，替换频率打分计算见式（3.1）。

$$CSF = \frac{CSM^N_{a,b}}{CSM^C_{a,b}} \qquad (3.1)$$

由于序列比对的数据库中包含多个物种，必须单独计算每个物种的 CSF 值，一条序列的 CSF 值由与其相关的全部密码子替换事件集合 (a, b) 得出。

对于 HG-U133A 芯片中每条鉴定为非编码基因的探针，如图 3.2 所示，本书分别计算了当滑动窗口为 90 碱基时，NONCODE 4.0 中 33 829 条非编码基因和 RefSeq 中 11 277 个编码基因的全部 30 个密码子替换事件的 CSF 值，然后扫描 6 种可能的 ORF，得到了最大的非编码基因密码子替换频率值 CSF，对于编码基因使用同样的方法。基于 HG-U133A 非编码基因和编码基因的及密码子替换频率分布，本书去除 CSF 值大于 300 的重注释非编码基因。

3.1.3 HG-U133A 重注释结果与分析

使用本书提出的方法，作者研究发现在 NONCODE 4.0 数据库中 33 829 条已知的非编码转录本中，存在 11 150 条 lncRNA 至少与 HG-U133A 平台的一个探针完全匹配，这些 lncRNA 中有 1334 条与 HG-U133A 平台中配对的探针数量超过 3 个，部分 lncRNA 见表 3.1。

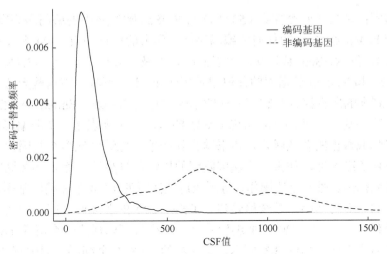

图 3.2 编码基因和非编码基因的 CSF 分布

表 3.1 NONCODE 4.0 匹配 HG-U133A 探针

NONCODE ID	探针数	探针编号
AC030773	7	833：973、702：459、634：527、368：131、665：501、756：377、671：505
AC007024	7	892：17、756：993、606：627、581：373、817：531、78：407、273：767
AC001027	8	742：261、560：319、127：731、953：233、234：465、49：395、93：221、783：37
AC300255	6	198：775、76：667、400：627、203：701、300：309、685：605
AC000241	7	742：261、560：319、127：731、953：233、234：465、49：395、93：221
AC004975	7	364：13、936：261、174：985、114：811、821：537、955：897、723：379
AC003322	6	788：671、367：569、582：579、125：717、226：81、803：821
AC004975	6	882：589、322：23、130：949、84：41、563：737、903：871
AC001778	6	184：623、69：463、436：233、560：229、22：241、586：355
AC001936	6	250：303、827：583、58：545、439：769、408：493、294：457

如 AIR RNA（NONCODE 编号：AC007024），其在印迹 IGF2R 基因座的反义方向被转录，有 7 个探针与其序列匹配；JPX（NONCODE 编号：AC004975），位于性染色体的失活区域，HG-U133A 中有 7 个探针与其匹配。

基因组与转录组研究已经向精细分析的方向发展，与上述类似的定义不严格、界限不清晰的基因分类应该被重注释。前述流程在 HG-U133A 全部 25 000 个探针范围内重注释基因分类，结果为 HG-U133A 中有 7089 个探针（28.4%）与 NONCODE 数据库中的 lncRNA 完全匹配，并且这些探针与 RefSeq 人类编码序列完全不匹配；有 12 500 个探针（50.0%）与 RefSeq 数据库中的编码序列完全匹配，但不匹配 NONCODE 中的任何非编码序列；剩余的探针中有 2000 个（8.0%）与 NONCODE 和 RefSeq 数据库均可以匹配，以及 3425 个探针（13.7%）不会与 NONCODE 和 RefSeq 数据库的任何记录相匹配，本书流程中将这些无意义的探针去除，将剩余的所有探针与它们相应的基因位点建立映射。Entrez GeneID 被用于表示一个编码基因，而 NONCODE（AC）的编码被用来表示一个非编码基因。为了进一步降低数据的背景噪声，本书除去那些单一探针对应多个基因的探针。为了增强注释的准确性，如果一个基因匹配的探针数量少于 3 个，那么这些基因不被列入研究范围。通过上述操作，得到经过重注释的 1334 个非编码基因。为了获得更可靠的非编码基因，继续移除那些 CSF<300 的非编码基因。最后，得到了 13 861 个编码基因和 1120 个非编码基因，这样就可以形成一个新的 HG-U133A 芯片探针描述文件，如图 3.3 所示。重注释的 13 861 个编码基因中有 12 250 个（88.4%）属于一个 GO 分类，9846 个（71.0%）至少属于有一个 GO BP 分类。HG-U133A 芯片探针重注释通过与最新的基因组注释数据库对比加强了重注释的质量，并对此进行了测试，作者比较了重注释前的芯片探针定义 CDF 和重注释的芯片探针定义 R-CDF，比较结果与预期结果一致，当那些分类模糊的探针被去除后，每两个探针靶向同一基因的皮尔逊相关系数（Pearson correlation coefficient，PCC）均值显著上升（$P<2.20e^{-16}$），如图 3.4 和图 3.5 所示，而 PCC 的变异系数显著降低（$P<2.2e^{-16}$），如图 3.6 和图 3.7 所示。

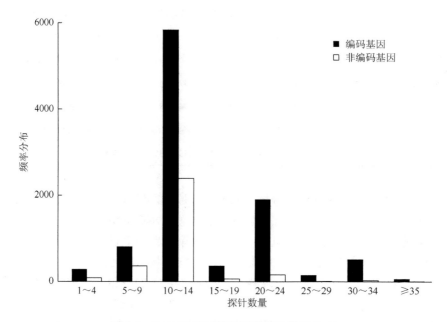

图 3.3　R-CDF 基因特异匹配探针数量分布

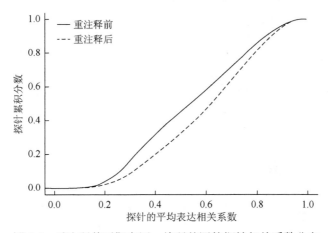

图 3.4　重注释前后靶向同一编码基因的探针相关系数分布

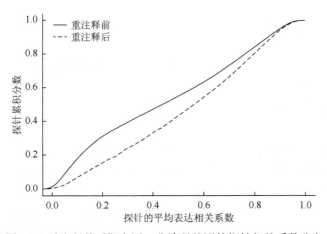

图 3.5　重注释前后靶向同一非编码基因的探针相关系数分布

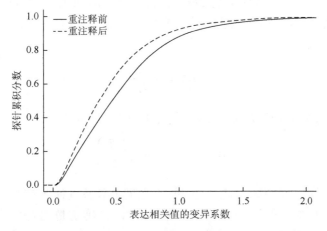

图 3.6　重注释前后靶向同一编码基因的探针 PCC 变异系数分布

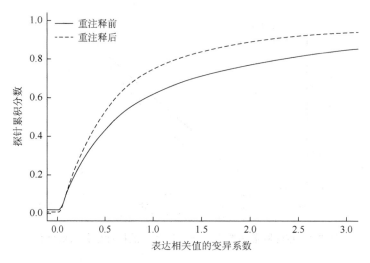

图 3.7 重注释前后靶向同一非编码基因的探针 PCC 变异系数分布

3.2 非编码基因功能预测

3.2.1 芯片数据预处理

本书使用 115 套来自于基因表达数据库（gene expression omnibus，GEO）的 HG-U133A 表达谱数据，数据预处理采用 RMA（robust multichip average）。无论是编码基因还是非编码基因，至少在一个生物实验条件下表达过，才有必要将它纳入进一步分析的范围。上述数据预处理使用 R-Bioconductor 中的 affy 软件包执行，需要说明的是本书所涉及的基因表达信号强度矩阵均作了 log 变换处理，假设在芯片上有 N 个杂交位点，R_i 和 G_i 分别表示红绿两种信号的荧光强度值，将两种红绿信号荧光强度的比 Cy5/Cy3 记为 Ratio_i，则有式（3.2）：

$$\text{Ratio}_i = \frac{R_i}{G_i} \tag{3.2}$$

式中，$i = 1, 2, \cdots, N$，对应芯片上某个探针，R_i 和 G_i 为信号的强度值。取对数有式(3.3)：

$$\log_2(\text{Ratio}_i) = \log_2\left(\frac{R_i}{G_i}\right) \tag{3.3}$$

使芯片中每一列的强度均值在 0~1 之间。本书将计算注释为编码或非编码基因集合内两个匹配同一序列探针的 PCC，以确定每组探针表达水平的一致性。

3.2.2 构建共表达网络

截至 2015 年 3 月，GEO 数据库中共有来自于 HG-U133A 平台的芯片数据 1398 套，包括 18 082 张芯片表达谱。本书所建立的编码、非编码基因共表达网络基于多种条件下所产生的表达谱数据，尽可能多地选择了实验条件相互独立而不是采用单一的数据以保证本书方法的鲁棒性，同时这种基于混合数据的建网方法可以确保样本数量足够作者挖掘出编码基因与非编码基因的共表达模式。使用两套独立的源于 HG-U133A 平台的数据集 GSE1133、GSE2396 构建共表达网络，这两套表达谱分别包含 36 种和 79 种正常人体组织的全基因组转录数据，可以从 GEO 下载（http://www.ncbi.nlm.nih.gov/sites/GDSbrowser?acc=GDS1096）。对两套表达谱原始数据做 log 变换，关联同一个基因不同实验条件的探针可以在相同水平进行分析，来自不同数据集的同一基因标准差（standard deviation，SD）和变异系数（CV = SD/均值）均可计算。为了能够让所有单独的数据集对预测结果都具有同样的权重，数据按如下流程进行处理：

（1）只有一对基因的 P 值小于或等于 0.01，并且该基因对的 P 值相对二者与其他任何一个基因的皮尔逊相关系数排名位于前 5%或后 5%，这对基因才被判定为共表达。

（2）保留在不同表达谱中变化率排名前 75%的基因。

（3）对数据集中的每个基因对输入 R 环境下的 WGCNA 软件包执行 FISHER 渐进检验，获得每个基因对的 P 值，再对这些 P 值执行多重检验校正（R package version：2.2.0）。

（4）给数据集内的每个相同转录标记的基因对分配一个系数，转录标记是二值的，有正负之分，只有当基因对在 3 个以上数据集中具有相同转录标记才可以记为共表达基因对。

将 HG-U133A 重注释的 R-CDF 与 NONCODE 进行比较，结果表明来自于不同数据集的同一条 lncRNA 的相关系数显著高于从不同数据集中随机选择的 lncRNA 对，表达谱数据 GSE2361 内多个样本进行比较，如图 3.8 所示 SPCC 均值和 KS 检验的平均 P 值分别为 $0.26e \times 10^{-8}$ 和 $4.39e \times 10^{-8}$。类似的结果也出现在 GSE1133 中，结果如图 3.9 所示。

作者观察到许多表达模式具有组织特异性的 lncRNA 同时出现在 GSE2361 和 GSE1133 中，部分 lncRNA 详见表 3.2。这些 NONCODE 数据集编号的数据可以与重注释的 HG-U133A 探针定义相一致。本书选择的 115 个基于人类 HG-U133A 平台的数据集，每一套数据都包括多个实验条件或细胞周期，以此构建一个由编码基因和非编码基因共同构成的共表达网络。对于每一套表达谱，作者选择基因

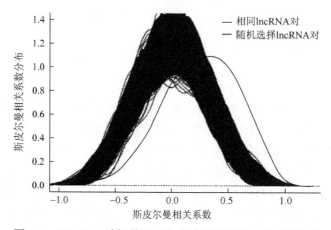

图 3.8 GSE2361 随机基因对和非随机基因对相关系数分布

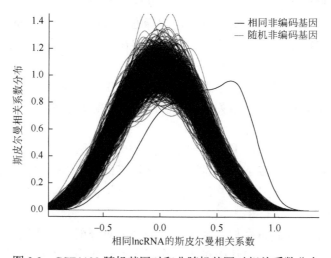

图 3.9 GSE1133 随机基因对和非随机基因对相关系数分布

表达水平排名前 75%的探针作为鉴定编码基因和非编码基因共表达网络的输入数据。在此定义，如果一对基因的 P 值小于 0.01 并且这对基因的皮尔逊相关系数在排名位于这对基因与其他基因分别的皮尔逊相关系数的前 5%或后 5%，这对基因在当前分析的表达谱内即是一个共表达基因对。作者还另外设置了一个判定基因对是否共表达的限制，给数据集内的每个相同转录标记的基因对分配一个系数，转录标记是二值的有正负之分，只有当基因对在 3 个以上数据集中具有相同转录标记才可以记为共表达基因对。为了预估一套表达谱数据中上述集合的最小数目，我们统计共表达网络不同截断值条件的几个网络参数，见表 3.3，共表达网络规模在截断值升高的过程中显著下降。此外，功能富集分析的结果表明，参数截断值越高，共表达网络中被注释为共表达基因的相关程度越高，如图 3.10 所示。

表 3.2 HG-U133A 和 NONCODE 均检出的时空特异表达非编码基因

GSE2361		GSE1133	
组织	非编码基因	组织	非编码基因
肺	AC27265	肺	AC27265
肺	AC110225	肺	AC110225
肺	AC101422	肺	AC101422
肌肉	AC113943	心脏	AC113943
肺	AC102774	心脏	AC102887
肺	AC110280	心脏	AC102395
心脏	AC116620	心脏	AC114643
肺	AC110249		
肺	AC110298		
心脏	AC100617		

表 3.3 共表达网络参数

截断值	2	3	4	5	6	7	8	9
聚类系数	0.099	0.109	0.143	0.182	0.203	0.237	0.170	0.169
关联组件	6	173	550	251	156	71	48	29
网络直径	10	18	36	15	12	7	6	6
网络集中	0.017	0.013	0.023	0.050	0.088	0.136	0.146	0.165
最短路径	33%	93%	6%	6%	12%	17%	24%	99%
通路长度	3.183	5.935	13.815	3.907	3.016	2.454	2.362	2.582
平均邻居点	53.12	9.817	6.156	5.62	5.56	5.749	4.923	3.832
节点数	17 410	12 140	4 715	1 710	728	342	195	119
边数	462 481	59 591	14 512	4 797	2 024	983	480	228
密度	0.003	0.001	0.001	0.003	0.008	0.017	0.025	0.032
异质性	0.865	1.663	1.968	2.04	1.942	1.665	1.514	0.063
伽玛值	1.633	1.888	1.733	1.47	1.24	1.164	0.954	0.999
基因数	13 949	10 420	4 016	1 391	594	280	168	108
非编码	3 461	1 720	699	316	134	62	27	11
编码基因边	375 621	49 912	12 723	4 410	1 914	940	461	219
编码非编码边	58 155	4 840	767	150	44	15	11	7
非编码边	28 705	4 839	1 022	237	66	28	8	2

在本书构建的编码基因和非编码基因共表达网络（图 3.11）中，共包含 937 个非编码基因和 13 861 个编码基因，这些基因由 59 591 条边相连。网络中共有

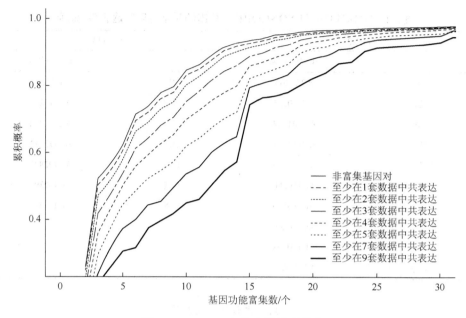

图 3.10　GO BP 与共表达关系分布

49 912 条边（83.76%）连接编码基因，4840 条边（8.12%）连接编码基因和非编码基因，4839 条边（8.12%）连接非编码基因。

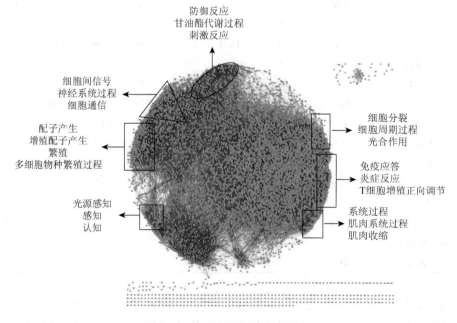

图 3.11　双色共表达网络示意图

3.2.3 功能预测

通过对非编码基因的邻接基因进行基因功能富集，注释该基因的功能。根据蛋白质功能富集的结果注释共表达网络中相邻基因的功能，对于每一个非编码基因功能预测，要求具有 10 个以上编码基因直接邻接节点的功能富集于同一个 GO BP，基因功能富集分析使用 g：Profiler。基因功能富集的 P 值和判定是否属于 GO BP 的基因功能富集编码基因直接邻接节点注释作为非编码基因功能预测的参数。

在编码基因和非编码基因的共表达网络中，有 7077 个编码基因至少属于一个 GO BP，其中 1319 个编码基因有 10 个以上 GO BP，可注释邻接非编码基因节点。对于这 1319 个编码基因，我们使用 g：Profiler 服务器计算他们邻接节点的功能富集，参数选择使用默值。结果显示，其中 1000 个基因的邻接节点有集中的功能富集信息，595 个编码基因（59.5%）至少属于一个 GO BP。

3.3 算法性能评价

3.3.1 随机网络对比实验

为了评价本书方法的有效性，需要确定随机网络连接边的分布情况。网络中有编码序列与编码序列、非编码序列与非编码序列、编码序列与非编码序列 3 种连接边的情况。我们随机选取两个基因对（AB，CD）并互换两个基因对的任意一个基因，以互换基因 B、基因 D 为例，替换后的基因对为（AD，BC），我们为这种替换设置以下两个条件：

（1）所有 4 个基因是不同的。

（2）新的共表达基因对在替换前不存在于共表达网络内。

如果基因互换后上述条件得到满足，则连接边有 A-B 和 C-D 替换为连接边 A-D 和 C-B。由于前所述 3 种连接类型数量不同，我们分别重复连接边替换 1 000 000 次、100 000 次和 50 000 次用于编码基因与编码基因、非编码基因与编码基因、非编码基因与非编码基因。

在随机网络中，其中 1311 已注释的编码基因有 10 个以上被 GO BP 注释为邻接节点，但是大部分编码基因未显示出明显的功能富集信息，只有占总量 1.97%的 4 个编码基因属于一个 GO BP。

3.3.2 预测精确度、特异性

所有 GO BP 都可以分解为 MGI GO slim BP。对于测试组中的每一个基因，已知 MGI GO slim BP 记为 NK_i，预测 MGI GO slim BP 记为 NP_i，如果 MGI GO slim BP 既存在于已知集合又存在于预测集合记为 NO_i。本书方法预测性能的精确度可以通过式（3.4）计算获得

$$精确度 = \sum NO_i / \sum NK_i \qquad (3.4)$$

特异性可由式（3.5）计算：

$$特异性 = \sum NO_i / \sum NP_i \qquad (3.5)$$

GO BP 功能富集和邻接节点基因功能富集的 P 值影响精确度和特异性。如图 3.12 所示，降低 PV 的结果导致更低的预测精确度，为了得到一个合理的预测精确度，PV 不应设置较低的值。另外，预测的特异性也要得到保证，如图 3.13 所示，当 GN 改变时，特异性变化剧烈，改变 PV 使其小于等于 0.01 并且 GN 大于等于 0.05，可以得到精确度和特异性的平衡，精确度为 32.1%，特异性为 30.5%，见表 3.4。相比之下，在随机网络中设定相同截断值，精确度只有 4.45%，而特异性为 16.9%。

本书随机选择的 1319 个（10%）编码基因作为未知功能基因，使用上述 PV 和 GN 断点。重复该过程 100 次，平均 79.3% 的基因被注释到至少一个 GO BP，72.2% 至少注释到一个正确的 GO BP，精确度为 32.3% 和特异性为 33.4%。相比较而言，在随机网络中精确度和特异性分别为 4.45% 和 19.2%，可以证明本书方法有效性。对 84 个至少被一个 GO BP 注释的非编码基因应用同样的方法使用相同的截断值，其中 70 个非编码基因至少注释到一个 GO BP，部分非编码基因见表 3.5。

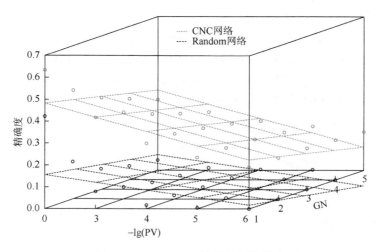

图 3.12　PV、GN、精确度参数关系

第 3 章 基于数据驱动的编码基因功能注释

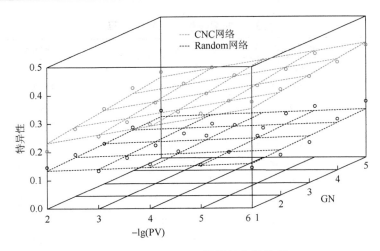

图 3.13 PV、GN、特异性参数关系

表 3.4 模块化预测非编码基因功能参数与精确度、特异性的关系

PV	GN	特异性	精确度	特异性等级	灵敏度等级
0.01	1	0.203 062 29	0.633 580 705	25	1
0.01	2	0.237 461 16	0.496 289 425	24	2
0.01	3	0.265 372 17	0.418 367 347	21	3
0.01	4	0.293 618 59	0.369 202 226	19	6
0.01	5	0.305 249 23	0.320 964 75	16	8
0.001	1	0.255 688 28	0.416 975 881	23	4
0.001	2	0.261 773 70	0.397 031 540	22	5
0.001	3	0.286 540 69	0.344 619 666	20	7
0.001	4	0.308 238 64	0.301 948 052	15	9
0.001	5	0.321 147 36	0.264 842 301	13	13
0.0001	1	0.298 148 15	0.298 701 299	17	10
0.0001	2	0.298 148 15	0.298 701 299	17	10
0.0001	3	0.317 510 55	0.279 220 779	14	12
0.0001	4	0.337 003 06	0.255 565 863	10	14
0.0001	5	0.344 238 98	0.224 489 796	9	18
$1.00e^{-5}$	1	0.335 994 68	0.234 230 056	11	15
$1.00e^{-5}$	2	0.335 994 68	0.234 230 056	11	15
$1.00e^{-5}$	3	0.345 021 04	0.228 200 371	8	17
$1.00e^{-5}$	4	0.357 361 96	0.216 141 002	7	19
$1.00e^{-5}$	5	0.369 323 05	0.199 907 236	6	20
$1.00e^{-6}$	1	0.375 807 94	0.188 775 510	4	21
$1.00e^{-6}$	2	0.375 807 94	0.188 775 510	4	21
$1.00e^{-6}$	3	0.376 973 07	0.188 311 688	3	23
$1.00e^{-6}$	4	0.383 186 71	0.181 818 182	2	24
$1.00e^{-6}$	5	0.399 146 21	0.173 469 388	1	25

表 3.5 非编码基因 GO BP 注释

NONCODE	HG-U133A 探针	GO ID	GO term
AC009558	867：941	GO：0019953	有性繁殖
AC009558	707：281	GO：0007283	精子形成
AC009558	138：927	GO：0048232	雄性配子产生
AC009558	328：453	GO：0022414	繁殖过程
AC009558	878：243	GO：0000003	繁殖
AC009558	468：183	GO：0032504	多细胞生物
AC009558	360：237	GO：0048609	繁殖过程
AC009558	9：629	GO：0007276	配子形成
AC009209	334：355	GO：0019226	神经传导
AC009209	66：669	GO：0007268	传导突触
AC009209	942：61	GO：0050877	神经系统过程
AC009209	310：309	GO：0007610	行为
AC009209	719：13	GO：0007154	细胞通信

非编码基因被注释到 14 个 GO BP，这些 GO BP 经过 MGI GO slim BP 去冗后，功能主要与发育过程（32.5%）、转运（18.3%）、细胞间信号转导（16.7%）、新陈代谢（14.2%）和细胞组织生物合成（11.5%）相关。已知的 lncRNA AC009558 被注释了脑发育、中枢神经系统发育、神经元分化、神经发育和其他神经元相关的 GO BP，这一结果与 PU 文献中描述其高表达于脑，并与胚胎神经发育相关联的报道一致。

3.4 人类非编码基因功能预测结果及分析

本书构造的共表达网络中包含 13 861 个编码基因，其中有 7585 个编码基因与至少一个非编码基因形成配对，在基因功能富集中属于组织细胞组成、神经递质传递、神经递质分泌或突触传递。经过进一步统计确定，有 7118 个编码基因和 1028 个非编码基因有 3 个以上直接邻接节点，这些编码基因 GO BP 富集于神经系统进程，如突触传递（$P = 1.55e^{-14}$）、神经递质水平调节（$P = 3.50e^{-9}$）及神经系统发育（$P = 8.31e^{-9}$），这一发现与先前的研究推断 lncRNA 在脑组织特别活跃并且处于支配地位是一致的。另外，共表达网络中 1120 个非编码基因节点至少有一个与之共表达蛋白质编码基因节点，在这些非编码基因中，有 1028 个具有 3 个或 3 个以上的直邻接节点被鉴定为编码基因。这些非编码基因中共有 1249 个编码基因邻接节点，GO BP 关联器官组织（$P = 2.29e^{-7}$）和横纹肌收缩（$P = 1.09e^{-6}$），详见图 3.14。

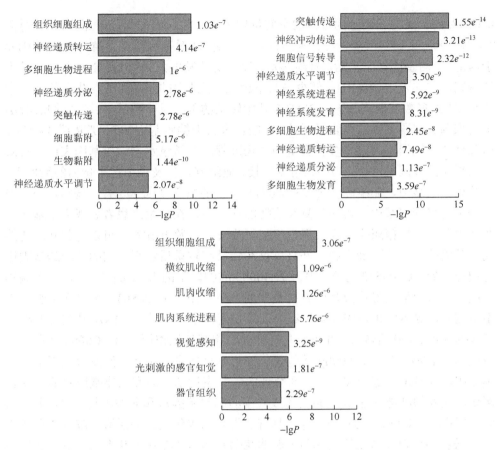

图 3.14 非编码基因 GO BP

哺乳动物的非编码基因转录模式是非常复杂的,这些 ncRNA 位点可以位于编码基因的内含子区与编码基因外显子同向或反向重叠,也可以位于染色体上两个编码基因间的区域。已有研究表明,非编码基因的转录可以影响位于同一染色体其上下游的编码基因的表达,如一个 lncRNA 与它两侧编码基因 *Fank1* 和 *ADAM12* 共表达,通过下调其染色质活性结构下调位于其两端的编码基因表达水平。在重注释的人类 HG-U133A 芯片中,有 4571 条 lncRNA 长度在 10~100kb,位于 14 861 个蛋白质编码基因间区域。在本书构造的共表达网络中观察上述共座基因,只有 141 对非编码基因间存在共表达关系,约占非编码基因总量的 2.3%,这表明大多数 lncRNA 并不与附近的编码基因共表达,而是有自己独立的转录模式。此外,如果一个 lncRNA 与它相邻的编码基因共表达,这两个基因在染色体上的绝对距离经常大于 10kb。在这里,我们定义两个基因具有共表达模式并且位于同一基因座区域,他们在染色体上的绝对距离小于 100kb,在进一步分析时,我们根据

lncRNA 的位点与编码基因位点的空间位置关系，将这样的基因对划分为"内部""上游"和"下游"三类。在共表达网络中，有 84 对基因属于下游，55 对基因属于内部，9 对基因属于上游，有趣的是，通过统计发现大多数 lncRNA 偏好与其上游编码基因共表达，lncRNA 较少与其下游或宿主基因共表达，这与先前的研究中长 lncRNA 多数从编码基因的 3′-UTR 开始转录的现象是一致的。内源性的 lncRNA 主要来源于编码基因的内含子区域，有的也来自于编码基因的 5′-UTR 或 3′-UTR。内源性的非编码基因参与多种类型的生物过程，如转录水平调控基因表达、转录后水平调控基因表达、编码序列可变剪接、亚细胞定位及调节宿主蛋白的活性等。在共表达网络中，非编码基因 AC006771 与它的宿主基因 *plagl1* 共表达，*plagl1* 是一个著名抑癌基因，可作为复杂疾病的标志物，在卵巢癌患者表现为甲基化，在新生儿一过性糖尿病体内表现为甲基化缺失。上游 lncRNA 可以与其共表达的编码基因的启动子区域重叠，并且可以在转录和转录后水平对它的共表达基因进行调控，如 AC008632 与位于其下游 400bp 的编码基因 *Lrrc4c* 共表达，这个编码基因在兴奋突触的形成过程中具有重要的调节作用，AC008632 可以在小脑组织中检测到，提示它也可能在脑组织中发挥相同作用。下游 lncRNA 从其上游编码基因的 3′-UTR 开始转录，并可参与基因间的相互调控作用，如 AC009018 在其共表达基因 *MEF2C* 下游 900bp 的位置，作为一种转录因子在心脏发育过程中起关键作用。Ponjavic 等（2007）的研究证实了共表达基因对和共座基因对的存在。例如，在人的肺部存在 6 个共表达或共座的编码基因对和非编码基因对，其中 4 对出现在 HG-U133A 芯片中，并且具有非常高的皮尔逊相关系数。*Rbms1* 在 4 个 GSE 数据中可以显著观测到其与下游非编码基因 AC008616 共表达，皮尔逊相关系数为 0.8。以上对数据结果的分析，强有力地显示出本书所构造的共表达网络真实、客观地反映了人类编码基因和非编码基因的内在联系。

一个共表达模块中的基因通常具有类似的功能。因此，在网络中挖掘模块是预测基因功能的有效方法。作者共发现 550 个由编码基因和非编码基因构成的共表达模块，其中 62 个模块被显著富集至少一个 GO BP（$P<10^{-18}$）。作者用显著的富集功能为每个模块命名，并注明了 218 个非编码基因，这些基因中有 54 个的功能也被基于中心节点的预测方法所鉴定。此外，全部 54 个非编码基因都至少有一个 GO BP。包含非编码基因数目最多的模块是突触传递（包含 47 个非编码基因）、雄性配子（含有 20 个非编码基因），这一发现与前人的研究结果相一致，表明非编码基因在脑和胚胎组织发育过程中特别活跃。本研究所预测非编码基因功能与前人的研究结果具有普遍的一致性，例如，AC004422 属于与神经递质分泌和信号转导相关，突触传递模块包含 47 个非编码基因和 148 个编码基因，其中 106 个编码基因有 GO BP，该模块富集了神经元信号传输功能如突触传递（$P=1.14e^{-18}$）、神经冲动传递（$P=1.79e^{-17}$）和细胞间信号转导（$P=1.21e^{-15}$）。

在这项研究中,基于重注释的 Affymetrix HG-H133A 平台建立了较为精确的编码基因和非编码基因共表达网络,基于网络特征和基因组的位置注释了 1120 个非编码基因的功能。已有关于重注释生物芯片探针的报道,主要是针对编码基因。在脑和免疫系统中许多 lncRNA 通过重注释的探针被纳入研究视野,如 3 个鼠的 lncRNA TK104684(AK032694)、TK16243(AK032566)和 TK85669(AK046289)在 Mercer(2010)的实验中被发现在鼠脑的 11 个区域富集表达,它们具有中枢神经系统发育、神经元动作电位传导、嗅神经组织结构和睡眠等相关的生物功能。在 Mercer 等(2008)的后续研究中观察 lncRNA 在鼠的神经干细胞中表达,与神经胶质细胞的分化等生命活动有关,随着染色质结构修饰的变化其表达发生了动态改变。近期很多研究表明,大多数 lncRNA 与蛋白质编码基因有小于 10kb 的绝对空间距离,并且这些 lncRNA 都是独立转录的,很多情况下并未体现与相邻蛋白质编码基因的共表达性状。基于上述事实,完全可以合理地假设大多数非编码转录在位于编码基因附近的位置独立转录,并对附近的蛋白质编码基因转录具有调控作用,因此我们认为所有的非编码转录本 CSF 的得分应远远小于编码基因。

总之,作者是第一次在 Affymertrix Human Genome U133A 芯片平台进行大规模生物信息学预测,不仅重注释了大量的错误探针定义,还完成了对这些新发现探针的功能预测,这一研究成果将使一批被人们所遗忘的生物数据重新成为关注对象,是进一步开展生物学研究的重要资源。这项研究表明,重注释的多个生物实验条件下的转录组表达谱是一个功能强大的非编码基因鉴定方法,对功能的分析保证了这一方法可以得到更广泛的应用,并且在其他相似的生物芯片平台中,同样可以应用本书中的方法进行全新层面的研究。

第4章 基于傅里叶分析的非编码持家基因鉴定

持家基因（house-keeping gene，HKG）是维持细胞基本功能所需要的组成型基因，它们通常在所有组织类型和细胞阶段稳态表达。上述特性致使 HKG 在基因芯片标准化操作中作为可靠的参照物，使得不同实验条件下产生的生物芯片在质量和数量上具有可比性。随着基于高通量数据的基因组分析手段快速进步，已经有一批 HKG 被预测出来：Warrington 使用 Affymetrix HuGeneFL 芯片和 Hsiao 分别预测了 533 个和 451 个 HKG，这些 HKG 来自于 30 个不同人体组织。Eisenberg 和 Levanon（2003）预测了一套基于 Affymetrix U95A 平台包含 47 个不同组织的 575 个 HKG。经过统计，上述 3 个 HKG 预测集包含总共 963 个基因，而它们的交集只有 150 条。这种明显缺乏一致性的预测结果意味着每个预测集合内都存在高比例的误分类 HKG。作者通过前期研究发现，出现上述问题的原因有两个：第一是 HKG 到现在为止并没有规范化的定义和可进行数学建模的共性生物特征；第二是由于每组芯片表达谱数据实验条件差异巨大且多数都存在高比例的背景噪声。

前述研究定义了若干形式化描述 HKG 的特征，包括 HKG 通常具有较短的内含子、非编码序列和编码序列，具有这些特征的序列空间结构更紧凑，便于稳定高效地转录。紧凑的核酸序列结构与持家基因跨组织和发育阶段稳态表达的性状是一致的，因为 HKG 不需要表达方式具有组织特异性的基因所需的复杂调控。Vinogradov（2004）提出 HKG 的基因间区域相对非持家基因也较短。Zhu 等（2009）比较了 HKG 和组织特异性基因的 EST 数据，发现 HKG 事实上并不具有紧凑基因的结构，这与前述研究产生了矛盾，给进一步为合理定义 HKG 带来困难。现在为止，只有 HKG 的起始非翻译区简单序列重复（SSR）、外显子重复序列及 GC 含量这 3 个公认的持家基因统计特征。这些特征作为鉴定 HKG 和非 HKG 基因之间的区别是不充分的。

4.1 傅里叶谱构造

经过初步研究发现，持家基因的自然特征具有一定的表达谱特征，这些谱特征可通过基因的时序表达谱数据提取，并成为鉴定持家基因的依据。下文将详细描述分析基于有限长度离散傅里叶变换的基因时序表达谱分析方法，利用机器学习的方法提取持家基因的谱特征后，预测持家基因。

傅里叶分析是一种优势明显的模式识别方法，特别是当频率特征足够明显时，芯片数据的背景噪声可以自然过滤。本书使用的离散傅里叶变换（discrete Fourier transform，DFT）方法的一个要求是时间序列数据应该是稳定的。傅里叶级数展开是用数学描述物理事实，即每个线性周期现象可以通过一系列简单的谐波模式来表示，傅里叶系数为整个时序的加权均值。傅里叶分析可以将整个时序数据的自然属性展现出来，而不是将整个时间序列人为分割为多个模块。因此它是准确提取时序数据频率特征的有效工具。

4.1.1 基因表达时序数据选择

傅里叶分析对数据的要求是数据持续周期长且具有较高的采样密度。不幸的是，大多数的生化实验所产生的数据都无法满足这个要求，另外时序数据的长度也无法通过计算方法进行扩展，如基于血清饥饿的细胞同步方法会在细胞多次分裂后逐渐失去细胞原本的特征，从而使高斯分布拓宽。如果细胞继续以非同步的方式分裂，细胞周期特征将完全消失，即使出现这种情况的时间再长，序列也失去了研究的意义。为了满足傅里叶分析对数据的要求，作者选择一组人的 HeLA 细胞的基因表达时序数据，这组数据有 47 个采样点，每两个相邻采样点间隔时间为 1 小时，涵盖 3 个细胞周期（http://genome-www.stanford.edu/Human-CellCycle/HeLa/），按如下流程提取周期频率特征，预测 HKG。

（1）数据选择：选择恰当的时序表达谱数据并对数据进行预处理，时序数据的采样时间间隔应尽可能短，密度尽可能高，并且多套表达谱应该具有一致的生物实验背景。

（2）数据处理：对数据的缺失部分进行预处理，进行填充或删除，保证时序数据至少是一阶稳定的。

（3）傅里叶变换：对时序数据进行傅里叶变换，得到表达的频率谱，此步骤可以使用多种算法，本书选择较为常用的离散傅里叶变换得到时序数据的离散频率特征。

（4）统计学习：确定所获得的频率特征是否可作为分类特征使用。

（5）HKG 鉴定：使用支持向量机提取时序谱的频率特征，在训练集合中随机构造预设规模的样本集，重复计算分类，直到获得合理频率特征。

（6）性能测试：使用未用于特征训练的数据进行分类，用变异系数（CV）度量算法性能。

4.1.2 时序数据预处理

基因表达时序上存在一些缺失的数据点是不可避免的，由于非均匀取样将造成傅里叶分析获得错误结果，作者对待这种缺失采取如下操作：

（1）如果缺失数据点连续并且超过 3 个，则将连续缺失点从表达谱中删除。

（2）如果缺失数据是一个单独采样或两个作者对其进行分段 3 次埃尔米特插值（Hermite interpolation），埃尔米特插值方法不会引起数据整体大规模波动，是一种比较稳定的插值算法，该算法的插值数据比其他方法曲线更平滑，保持数据集固有的周期特征，如图 4.1 所示。经过以上操作，作者构建了一个包含 32 786 个均匀采样本的基因表达时序数据集，数据集覆盖 15 261 个不同的基因，规模与人类基因组基本一致。

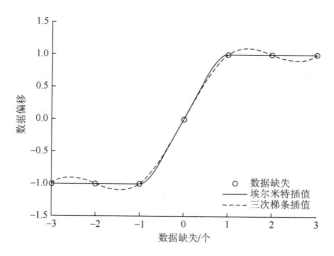

图 4.1　埃尔米特插值与三次梯条插值对比

在通常情况下，基因表达谱的时序数据并不是静态的，均值会随时间推移而发生变化。为了使用傅里叶分析揭示基因表达的周期性，作者使用 5 个基函数的最小二乘法去除时序数据中的干扰分量，变换时序为一阶稳定。如图 4.2 所示参数使用的规则是可以让序列取得最小累计误差。一套时序数据中的 p 个时间点作为向量的 p 个元素，$X = [X(t_1), X(t_2), \cdots, X(t_p)]^T$ 中，我们可以计算向量的 q 个基函数，计算误差如式（4.1）所示：

$$W = \sum_{i=1}^{p}[X(t_i) - \sum_{j=1}^{q}\beta_j E_j(t_i)]^2 \tag{4.1}$$

第 4 章 基于傅里叶分析的非编码持家基因鉴定

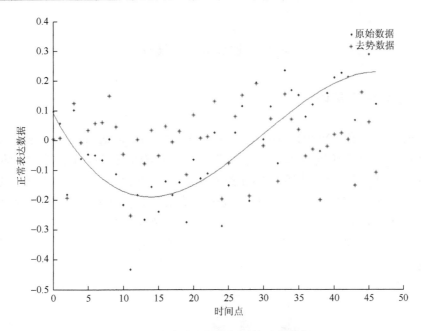

图 4.2 去除非周期数据后的时序数据

当 $\partial W / \partial \beta_j = 0$ 计算误差最小,这里我们使用 5 个基函数 $E_1 = t$,$E_2 = \sqrt{t}$,$E_3 = t^2$,$E_4 = \ln(5+t)$,$E_5 = e^t$。$\ln(5+t)$ 对数基函数来自 Frobenius 方法,这意味着该基因的表达时序是连续的,并没有包含时间间隔,如图 4.3 所示,数据预处理后频率分析表明周期性趋势被增强。

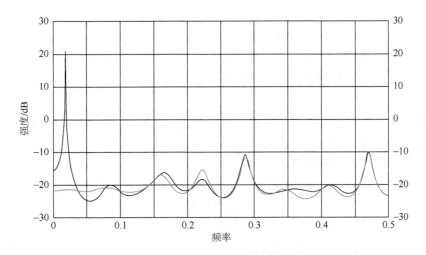

图 4.3 傅里叶谱的频率周期分布

4.2 鉴定持家基因

4.2.1 定义持家基因

Warrington 等（2000）、Hsiao 等（2001）及 Eisenberg 和 Levanon（2003）的研究中，各自都通过分析人体组的表达谱芯片给出了不同的持家基因集合。如图 4.4 所示，作者所使用的 HeLa 细胞表达谱包含 32 786 条有效时序数据集，其中有 234 条样本映射 158 个基因与前面三篇报道均有交集，1217 个样本所映射的 805 个基因分别与前述三篇报道中的一个或两个存在交集，其余 31 335 个样本映射 14 297 个基因，与前述三篇研究结果不存在交集，在此将以上三类样本分别定义为真实 HKG、待定 HKG 和非 HKG 三个集合。

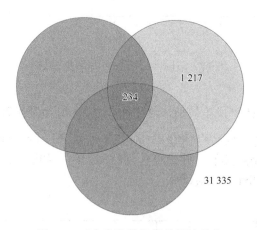

图 4.4 三个先验数据集的探针分布

4.2.2 识别和提取 HKG 谱的特征信息

为了让基因表达谱的频率分量更为显著，首先对一阶稳定处理的时序数据进行 DFT。由于每个时序向量都是由 47 个时间间隔为 1 小时的采样点组成的，作者通过式（4.2）可以获得 24 个时序频谱特征。

$$X_k = \sum_{l=0}^{L-1} X(t_l) e^{\frac{2\pi i}{L}kn} \tag{4.2}$$

式中，L 是时序向量的长度，取值 47。X_k（$k = 0, 1, 2, \cdots, L-1$）是每个时序数据频率为 k/L 的傅里叶谱。$|X_k|^2$ 是功率谱。因为表达谱数据 47 个采样点是实数，所以

频率特征的前 23 个与后 23 个共轭，即 $X_k = X^*_{L-k}$。因此，只需要使用 24 个独立的取值作为 SVM 训练的特征。

为了测试作者获得的时序的频率组分是否可以区分持家基因与非持家基因，作者使用有监督统计学习方法。一般来说，无论一个 HKG 的表达是否有频率特性，使用 SVM 方法都可以准确鉴定。SVM 通过在持家基因和非持家基因的交界处构建一个超平面分类 HKG 和非 HKG，SVM 建模的目标就是通过特征训练使 SVM 所构造的这个分界线可以最大程度分类两种类型的基因。同时用傅里叶变换作为特征中获得的 24 有效频率分量。高斯径向基函数（RBF）惩罚参数 $C = 1$，参数 $\gamma = 0.07$。

几个已经公开报道的研究成功采用傅里叶分析从多细胞周期的时序表达数据上提取出表达谱的周期频率特征，并利用功能聚类的方法深入挖掘时序数据的周期频率特征用以进一步分析、分类处于不同细胞周期的基因表达模式。Lichtenberg（2010）通过综合时序表达谱的周期频率特征和蛋白质相互作用信息，构建了与细胞周期相关的蛋白质相互作用的网络，在他的工作中主要使用最显著频率分量作为特征进行聚类。Rustici（2012）在细胞半衰期内鉴定基因功率谱，并利用这些谱的峰值是否具有一致性鉴定 HKG。Kim 等（2013）在聚类时只使用 3 个主要的傅里叶频率特征，省略其他非显著性的频率特征。然而，作者要鉴定的 HKG 应在任何细胞阶段和空间稳定表达，与细胞周期并无内在联系，通过分析多细胞周期的基因表达水平，无法获得 HKG 的表达频率特征。由于 SVM 擅长将模糊的数据分类，尤其适合作者所面对的二分问题，本书分类所使用的时序芯片表达谱的有 24 个频率特征。仿真结果表明 SVM 可以识别各种频率模式。作者的工作表明，持家基因与细胞周期无关，但可以从细胞周期的表达谱时序数据通过频率特征鉴定 HKG。尽管如此，作者还是选择了来自于细胞周期的表达谱时序数据，因为傅里叶分析只有在足够长的稳态数据前提下，才能够发现目标基因真正的周期频率特征。同时考虑时间和频率问题，傅里叶分析比小波分析可以更好地处理频率随时间变化的情况。Kim（2013）报道基于小波分析的基因聚类工作，事实上当时序数据足够长，小波分析与传统的傅里叶变换相比，具有对时间依赖性不强，数据可以不是一阶稳态的优势，但暂时依然受限于数据的不充分。微阵列数据的精度提高和数据集的大小不断增加，傅里叶分析会更多地被使用。

4.3 持家基因鉴定结果

由于 HKG 在生命体中各个组织细胞的全部周期中稳定表达，那么 HKG 和非 HKG 的周期性表达特征应当是有差异且可以观测到的。基于这个推断，作者假设基因表达的频谱特性可用于区分 HKG 和非 HKG，作者使用的美国斯坦福大学的

HeLa 细胞公开数据集，其中包含了 47 小时时序表达的 41 508 探针数据，使用 DFT 进行频谱分析和 SVM 机器学习方法，鉴定到了基因表达的周期性特征并将其形式化地提取出来。最终，利用上述特征作者在 HG-U133A 芯片数据中鉴定了 510 个持家基因，其中包括 72 个非编码基因，详细基因见表 4.1。

表 4.1 持家基因列表

基因									
DYNLL1	ARF4	PRDX1	PARP1	GLA	HLA-DQB1	MRPS12			CLOCK
HSPA8	SLC25A3	SOD1	PI4KA	BECN1	RBMS1	EFR3A			COX5B
ATF4	ARHGAP1	LDHA	RPS6	RPS7	PON2	CCT9			RPL15
ANP32B	ATP5G3	PABPC1	PEBP1	HDAC1	C9orf16	ATP1B3			SEPP1
RPL13A	RPS2	GNB2L1	RPN1	TMED10	PDCD6	TSFM			RRBP1
RPL37	RPS27A	COX7A2	COX6C	PPP1R11	STOM	GPR161			SLC25A1
JUND	ENO1	CSNK2B	PSMB6	DAD1	SNX22	UBAP2L			MYH10
MYH9	B2M	ILK	NPIPL3	DUSP1	MAP2K2	CPNE1			NDUFA1
LASP1	FTH1	YWHAB	APEX1	ADAR	ANXA11	HSP90B1			SAP18
NACA	RPL35	PSMB2	TAX1BP1	RPS21	FAM193A	ESYT1			TIMP3
CLTA	RHOA	ATP5G1	HMGN2	ATOX1	CSNK1E	NCOR2			NDUFS5
LAMP1	EEF2	COPS6	CAPNS1	HNRNPU	COL6A1	SSR4			NME1
ARF1	MYL6	ARF3	TTC1	TALDO1	NCSTN	DRAP1			EIF3K
CASC3	TMSB10	NEDD8	COPA	ANXA2	H2AFY	ATP5D			GGT5
BTF3	KARS	CD81	COMT	NDUFA4	COPB1	SNRPE			PMM1
RPL34	RPS9	PFN1	RPS23	P4HB	SYNCRIP	HSBP1			COPE
RPL5	COX6A1	H3F3B	GSTP1	UBE2D3	VDAC1	MLH1			ATP6V1G1
YWHAZ	NCL	HLA-A	PSMB7	STAT1	TCEB2	PTOV1			OTUB1
RPL13	RPS19	SPTBN1	IQGAP1	ZFP36L1	ATP5I	CLTB			COX7A2L
CTNNB1	H3F3A	MGP	METAP2	AKAP13	COMMD4	PSMA7			SEPT7
PTDSS1	RPL36AL	NUMA1	RPL7A	PSEN1	MYST2	LYPLA2			ISG20
SNRPD2	CSTB	ARAF	WARS	H6PD	XPO7	PLXNB2			M6PR
GNAS	MDH1	UBE2D2	GUSB	HLA-DQA1	ATP6V0C	HMGN3			PDLIM1
EIF4A2	ATP6V1F	DVL3	ADD1	PSMD11	CAPZB	API5			ALG3
DAZAP2	SARS	ATP5F1	PSMB1	RELA	SSBP1	SF3B2			ANAPC5
RPL10A	EEF1D	PCBP2	RPS20	SDCBP	CTSL1	VARS			ARPC4
MLF2	CANX	RPS8	SUB1	MYL12B	CNPY2	TBCB			ARL2
HLA-C	RPS16	CAPZA1	COX6B1	LTBP4	GPAA1	PGD			SNX3
EIF1	NONO	POLR2F	SON	PRKAR1A	CTNNA1	NDUFV1			C19orf50
SSR2	RPL27	SNRPN	UQCRFS1	ITPK1	YES1	SIGMAR1			TMEM109

续表

				基因				
MSN	SEPT2	RPL27A	RPL28	CLIC1	STK24	ATP5G2		ID1
PFDN5	PSMD8	ATP5C1	H2AFZ	C2orf27A	RNH1	SKP1		SRSF9
RPL18	FKBP1A	NAP1L1	HMGB1	MYC	SDC3	ECHS1		DAP
RPS13	PTMA	KPNA4	TPI1	E2F4	STARD7	TUBGCP2		UQCRC1
PGK1	RPS12	ABL1	RPN2	HNRNPM	ERP29	CCND2		RAB8A
PHB2	YWHAQ	RPL30	PRDX6	RAP1B	CD34	PPP1CC		GTPBP6
UBA1	TRIM28	XBP1	FTL	MAP4	ATP6V0A1	NDUFC1		CHIT1
FUS	RPL3	HYAL2	CCNI	VAMP3	KDELR2	UQCRQ		KHDRBS1
RPL10	HNRNPK	TPR	BRD2	CYC1	WDR1	PGM1		C21orf33
COX7C	BUD31	FHL1	RPS15A	MTA1	STAT3	ALDOC		TSTA3
SLC6A8	BCAP31	RPL31	TPM3	ATXN10	ADAMTSL	JAK1		SRM
EIF3F	DDT	HNRNPA1	ABLIM1	ACADVL	AARS	KDELR1		GDI1
AGPAT1	ALDOA	AP3S1	COX5A	HEXIM1	MAPKAPK 2	NDUFA7		ZNF384
RPL29	ATP5A1	RPL6	IRAK1	BMI1	PITPNM1	FCGRT		PPP2R1A
GPX4	SRP14	TNNT2	RPL22	SRSF11	MYST3	H2AFV		DDB1
RPS14	ACTB	SET	IFITM1	PRMT1	NDUFA2	EIF4A1		GABARAP
LDHB	HINT1	CTDSP2	RPSA	PRKAG1	SUMO2	PSMA1		ATP5J2
RPL11	RPL38	UQCRB	NDRG1	SERPINA3	GOT2	QDPR		ATP5H
RPL14	RPS5	RAB1A	SNRPC	SNRPB	AAMP	YWHAE		NARS
RPS24	CALM1	SPCS2	SLC25A5	JAG1	PIN1	ANXA5		CLOCK

4.4 预测性能分析

为了测试一个持家基因表达模式的特征是否可以通过傅里叶谱展现出来，我们建立了两个基于傅里叶分析所获的 24 个频率特征的分类模型：第一个是 HN 模型，正确区分 HKG 与非 HKG；另一个是 NN 模型，两组测试数据均为非持家基因作为对照组。在 HN 模型中，包含 234 个真实 HKG 探针作为正样本及 234 个随机选取的非 HKG 作为负样本训练 SVM 模型。在对照组 NN 模型中，随机选取 234 个非持家基因作为正样本，在剩余的非持家基因集合中再随机选取 234 个作为负样本。从图 4.5 可以看出对照组 NN 模型区分 HKG 和非 HKG 的能力显著低于 HN 模型，可以证明作者所提出的方法是有效的。为了避免出现前人预测持家基因集合中较高的假阳性和假阴性数据，作者只使用 234 个探针的真实 HKG 作为 SVM 训练的正样本，这 234 个真实持家基因是前人工作所共同发现的，再从

31 335 个非持家基因探针中随机选取 234 个探针作为负样本。在预测模型进行一轮预测后，一些非持家基因会被分类为持家基因，即存在随机偏差，这种偏差可以被消除，也就是在多轮预测后将那些多次被判定为持家基因的数据列为正样本。利用计算机仿真来使用相同的方法测试作者所提出的方法是否对不同时间序列数据具有鲁棒性。仿真结果表明，本书方法是鲁棒的，可以识别不同的频率模式。图 4.6 为 4 096（2^{12}）轮随机预测中发现真实持家基因的概率分布，从图 4.6 中可以看出预测进行的次数足够多的前提下，负样本集合中的误判真实持家基因全部可以被正确识别。有 299 个持家基因从待定的 805 个 HKG 基因中重新归类，用

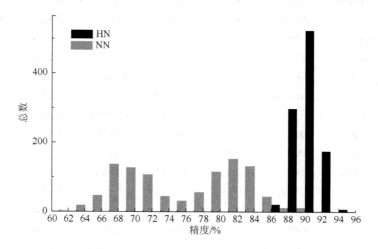

图 4.5　HN、NN 模型预测持家基因性能对比

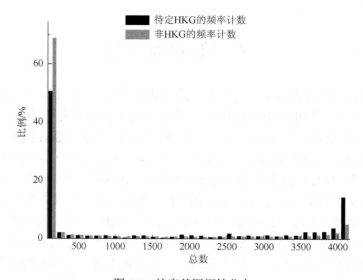

图 4.6　持家基因探针分布

计数次数 3 328 作为重判定的分界点。另外还有 53 个非持家基因通过本书的方法从原有分类中被重新划分，因为它们各自至少在 4 085 轮预测中被鉴定为持家基因。

4.4.1 利用组织表达谱评价预测性能

作者使用两套独立的人体组织的表达谱数据 GSE2361 和 GSE1133 作为测试数据，这两套表达谱分别是 36 种和 79 种正常人体组织的 mRNA 芯片数据，可以从 GEO 自由下载。对两套表达谱数据做 log 变换，关联同一个基因的不同实验条件的探针可以在相同水平被分析，来自不同数据集的同一基因标准差（SD）和平均值可以被计算，进一步可以计算该基因的变异系数（CV = SD/均值）。作者选择了两个不同的阈值选择待定 HKG 和非 HKG。作者推断，3 个公开数据集中的待定 HKG 更可能是真实的 HKG，而在非 HKG 集合不太可能是真实的 HKG，因此选择了相对宽松的阈值（3328），用于待定 HKG 集合。实际上，更严格的阈值将使得所选择的 CV 设定得较小，但会带来更高的假阴性率。由于待定 HKG 的相对比例比非 HKG 是真实 HKG 的可能性大得多，作者对非 HKG 集合设置了更严格的阈值（4 085），如图 4.7 和图 4.8 所示。

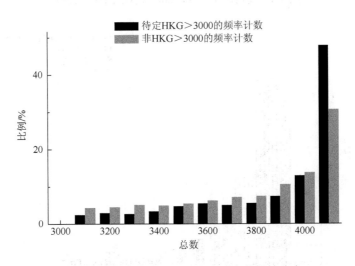

图 4.7　被判定为 HKG 3000 次以上的探针分布

4.4.2　验证 HKG 预测结果与评价

作者使用了两套独立的表达谱数据作为测试数据以评估本书方法的有效性，

这两套数据分别来自于 115 个不同的人体组织细胞。判定一个基因是否为持家基因，可以通过度量该基因的变异系数，低水平的变异系数表明该基因在所有组织中高表达。图 4.9 和图 4.10 显示了本书的方法与 3 种前人（Warrington，2000；

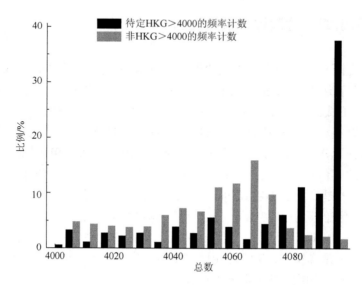

图 4.8　被判定为 HKG 4000 次以上的探针分布

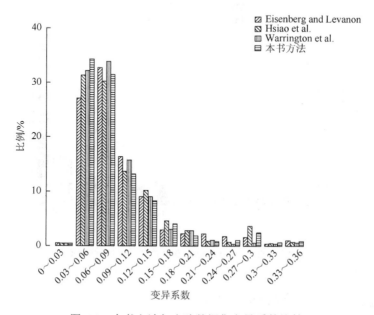

图 4.9　本书方法与先验数据集变异系数比较

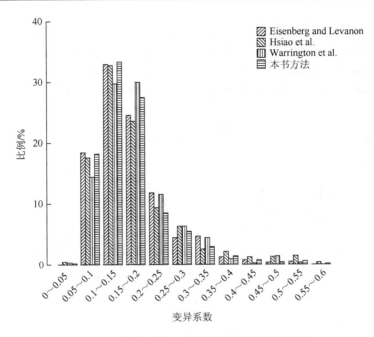

图 4.10　本书方法与先验数据集变异系数比较

Hsiao，2001；Eisenberg，2003）研究方法所获得持家基因变异系数的分布，本书的方法所预测的持家基因变异系数明显小于其他 3 种方法所预测的持家基因集合。

4.5　预测结果分析

作者还对本书方法所预测的持家基因进行了基因本体分析，它们的功能分类如图 4.11 所示，作者预测的 HKG 主要分布在细胞凋亡周期、代谢过程和生物调控这几个重要的生物学过程中，也侧面证明了本书预测方法的有效性。

最后，作者对预测集合中基因序列的保守性做了分析，图 4.12 显示了在不同的基因组中 3 种前人（Warrington，2000；Hsiao，2001；Eisenberg，2003）的方法与本书方法比较，预测序列的保守趋势是一致的，持家基因由于其本身特性，较少出现序列变化，作者的预测结果与这一事实具有一致性，也是本书方法有效的间接证据。

持家基因和非持家基因具有多个不同的统计观测值，如序列的 GC 含量、序列上的短序列重复密度等。然而，这些特征参数都是来自于简单数理统计，并不具有特别具体的生物学意义，因此在区别持家基因与非持家基因的研究中不适用于定量的分类。这种统计归纳天然就是有缺陷的，因为生物实验中进行时序数据的采样方法具有不可避免的局限性，往往会出现完全不同的实验设计、完全不同的生物样本来源必须无差别地用来解决相同的生物问题，因而得到大相径庭的生物学结论，造成实验资源浪费却又不能合理地解决预期的问题。2003 年 Zhu、

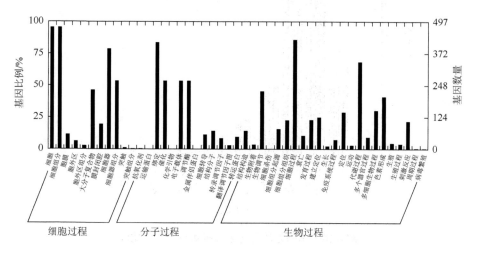

图 4.11 持家基因 GO 分布

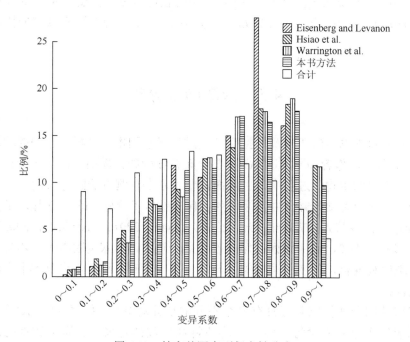

图 4.12 持家基因序列保守性分布

Eisenberg 和 Levanon 三人的已有研究就存在上述问题，他们利用不同的生物芯片数据提取持家基因的特征，由于样本背景不同，观测数据也完全不同，自然不能得到具有可比性的研究结果，甚至三人的研究结果互相矛盾，例如，持家基因是否具有紧凑的空间结构，三人给出了不同的答案。因此，基因的分类问题不适合使用完全不同生物背景的数据进行交叉比对，即使在这样做的情况下可以获得一些显著的分类特征。一些待定的持家基因并未被本书方法所检出，例如，*TUBB3* 在 Eisenberg（2003）的工作中被注释为 HKG，但实际上它在一种神经元的微管元件中表达，常用来识别神经组织和神经元，*TUBB3* 在本书的预测方法中得分为 2287，低于 HKG 阈值。以同样的方式，*TUBB3* 得分为 0，同样低于 HKG 的判定阈值；*CES2*（羧酸酯酶 2 基因）在肠和肝脏中特异表达，是清除肠内药物的主要酶，它的表达具有典型的组织特异性，不是持家基因，在本书方法的打分系统内低于设定的持家基因判定阈值。另外，在非 HKG 集合中，*ATG9A* 得分为 4093，被判定为 HKG，Yamada（2015）报道 *ATG9A* 在成人组织中广泛表达；*CAPN1* 基因编码一种无处不在的酶——CALPAIN 1，在本书预测方法中得分为 4096，判定为 HKG；*UBE2B* 得分为 4091，是进行复制后修复 DNA 损伤的泛素结合酶 *E2B*，在小鼠、大鼠和兔中属于完全相同的同源序列。非 HKG 集合中的 *UBE2K* 在本书方法中也获得了较高的评分（4089），它同样属于泛素结合酶家族。

  作者提出了使用基因表达的时序数据的频谱分析的 HKG 预测方法，并且方法已被证明行之有效，使用 HeLa 细胞周期的数据预测了 510 个 HKG，其中包括 54 个没有出现在此前报道的基因集 HKG。本书预测的 HKG 集合基于两个独立的组织表达谱验证。使用本书所给出的持家基因分类定义，傅里叶分析避免了使用基于统计假设的参数。本书所获得的研究结果，是基于独立的统计学习和建模，使得分类更加理性，同样可以由其他统计度量方法进行验证，如持家基因在组织中的表达水平差异。一些研究已经表明，持家基因的表达水平可以根据实验条件发生变化。尽管如此，除非细胞的状态受到生物实验环境因素的严重干扰，这种干扰最有可能是某些基因在实验条件设置不当的情况下，造成转录组的转录水平统一上调或者下调，或者是渐进式的周期性的上调或者下调转录水平。这种类型的生物芯片实验数据会被芯片数据归一化流程或者数据去除非周期性元素的预处理消除。此处所使用的算法将是可靠的，只要 HKG 的表达是稳定的，并且实验数据本身不会由于环境因素而产生周期特征。换句话说，除非它们具有完全不同的频率特征，否则即使两个看似完全没有关系的基因表达时序数据也应该具有相同的傅里叶谱。

  生物体中的持家基因在基本生化过程中具有重要功能，并且通常在各种组织细胞中具有稳定的表达水平。它们对生物芯片标准化有重要的意义。本书将一组 HeLa 细胞的时序数据通过傅里叶分析变换为傅里叶谱，并设计了一个基于支持向量机的有监督算法，该算法通过提取傅里叶谱中的显著特征鉴定持家基因与非持家基因。本书所提出的方法通过比较两套独立的组织表达谱，成功预测了 510 个人类持家基因，其中包括 93 个非编码持家基因。比较分析结果表明，本书方法所预测的持家基因比其他 3 个（Warrington，2000；Hsiao，2001；Eisenberg，2003）较早的研究方法更为高效、准确。

第 5 章　基于机器学习方法的 siRNA 沉默效率预测

机器学习的目标是使计算机能够模拟和实现人类的分类判别能力。建立一个机器学习模型对 siRNA 沉默效率进行预测，需要经过 siRNA 样本收集、siRNA 特征提取、预测模型构建和预测性能评估 4 个环节。

5.1　siRNA 样本收集

机器学习算法的特色是依据大量训练数据建模，从而获得描述普遍规律的分类模型，因此需要选择具有代表性、数量充足的样本集合。生物信息学使用的数据还需要注意数据是否存在冗余。

如图 5.1 所示，siRNA 的双链由 21nt 的正义链和 21nt 反义链组成，两条链从各自的 5′端开始有 19nt 碱基互补，3′端的 2nt 是 DNA 悬垂端（overhanging）。siRNA 的数据集包含 siRNA 反义链序列和实验验证的 siRNA 沉默效率，有时还包括靶向的 mRNA 序列等信息。

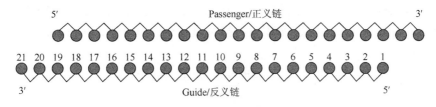

图 5.1　siRNA 双链组成

siRNA 研究经过多年发展，已出现一系列可用于机器学习建模的数据集。siRNAdb 是在线 siRNA 数据集，该数据集共包含 10 950 个 siRNA 样本，这些样本主要来自两个地方：第一类从文献中收集已经验证沉默效率的 siRNA 样本；第二类通过计算方法设计的针对人类基因组 20 410 "NM" 序列和 6767 "XM" 序列的 siRNA 样本。第一类样本包括从 55 个文献收集的靶向 55 个基因的 500 个 siRNA 样本，具体信息包括 siRNA 序列、沉默效率、细胞系类型和靶标信息；第二类样本包括靶向 21 075 个基因的 109 001 个 siRNA 样本。

2005 年，Huesken 提供的数据集是通过高通量技术得到的靶向 34 条哺乳动物 mRNA 的 2431 个 siRNA 样本。数据集中 1222 个 siRNA 的沉默效率大于 70%，

369个样本沉默效率大于90%。该数据集提供了siRNA序列、靶标mRNA序列及实验测得的沉默效率，是相同实验条件下得到的规模最大的siRNA数据集。

Reynolds（2004）提供的数据集共包含248个siRNA样本。其中180个siRNA样本，靶向firefly luciferase和human cyclophilin B两个mRNA的180个碱基区域，每个mRNA包括90个靶点，且相邻靶点的第一位只相隔一个碱基。其余68个siRNA作为Reynolds数据集的测试集6个靶向mRNA。

Katoh（2007）提供的数据集包括702个靶向增强型绿荧光蛋白基因的720个碱基区域的siRNA样本，该数据集的siRNA对应的mRNA上的靶点第一位是相邻的，也是靶向相邻靶点的数量最大的siRNA数据集，利于研究具有高沉默效率mRNA靶点的位置信息。

除以上数据集外，还有其他一些文献也给出siRNA数据集，但样本量相对较少。例如，Vickers数据集，靶向两条人类mRNA的5′-UTR、编码区及3′-UTR的80条siRNA；Haborth数据集，包含44条靶向人类和小鼠mRNA的siRNA。Ui-Tei数据集，包含62条siRNA样本，靶向4个外源基因和2个内源基因及3个哺乳动物与果蝇细胞。

建立基于机器学习的siRNA沉默效率预测模型时，通常需要选取训练集和测试集。由于Huesken数据集包含的siRNA样本量最多，且包含mRNA序列，沉默效率经过标准化且都在相同的实验环境下获得，最适于作为机器学习的训练集。Reynolds和Katoh数据集的siRNA样本靶点位置都在一个区域内，适合系统研究靶向一个区域内siRNA样本的区别，提取有效特征。而siRNAdb、Vickers数据集、Haborth数据集和Ui-Tei数据集的样本量过少，适合作为测试集。

5.2　siRNA特征提取

特征提取是建立机器学习模型中至关重要的一步，抽取能显著区分不同类别的特征表示，是机器学习模型进行预测的依据。已尝试的siRNA来源包括siRNA序列、mRNA序列和靶标上下游信息等。

来自siRNA序列的特征包括siRNA序列描述和siRNA热力学特征。siRNA序列描述是最早使用的特征，也是最重要的特征，主要包括序列编码和序列组成。序列编码是将siRNA序列上所有位置碱基进行量化编码，常用的编码规则包括：整型编码、归一化编码及二进制编码。序列组成特征是计算多模模序在siRNA序列上出现的频率，主要针对1~3mer的模序。siRNA热力学特征主要包括siRNA双链自由能之和、siRNA双链两端自由能的差值、siRNA双链相邻碱基的自由能、siRNA反义链二级结构及siRNA与mRNA上靶点结合的自由能。

来自mRNA序列的特征包括mRNA序列描述和mRNA二级结构特征。mRNA

序列描述主要考虑 mRNA 的长度，siRNA 在对应 mRNA 上靶点的位置、多模模序在 mRNA 序列上出现的频率。mRNA 二级结构特征主要考虑 siRNA 对应的靶点位置是茎区还是环区。

靶标上下游特征是指对靶标上游 50nt 和下游 50nt 的区域提取特征，提取特征包括二级结构特征和多模模序在靶标上下游出现的频率。

从上述介绍可以看出，从 siRNA、靶标 mRNA 和靶标上下游特征等多角度抽取与 siRNA 沉默效率相关的特征，为机器学习模型的建立提供了有力的数据支撑。

5.3 预测模型构建

机器学习建模预测 siRNA 沉默效率的核心思想是，根据训练样本的特征描述，在高维的特征空间建立高效 siRNA 和低效 siRNA 分布之间的最佳划分。建立 siRNA 沉默效率预测模型的机器学习方法主要包括人工神经网络算法、SVM 算法、线性回归算法和随机森林算法等。

人工神经网络（artificial neural network，ANN），简称神经网络，是一种模拟生物大脑，利用节点之间的权值进行互连，并利用非线性激活函数映射的方法，实现与生物学上神经元相似功能的算法。利用神经网络算法建立 siRNA 沉默效率模型时，输入为通过二进制方式编码的 siRNA 序列，输出为量化的 siRNA 沉默效率预测值，通过输出的预测值与实际沉默效率的误差对模型进行训练。该方法不需要根据经验手动提取 siRNA 的特征，通过模型的训练自动学习相应的特征。

线性回归（linear regression）是利用线性回归方程的最小平方函数对一个或多个自变量和因变量之间的关系进行建模的一种回归分析。这种函数是一个或多个称为回归系数的模型参数的线性组合。一元线性回归分析只包括一个自变量和一个因变量；多元线性回归分析是指两个或两个以上自变量和因变量之间的线性关系。利用多元线性回归算法建立 siRNA 效率预测模型时，通过分析线性模型的权重能够综合与 siRNA 序列相关的不同特征对沉默效率的影响，例如，将 siRNA 序列上具有位置信息的单个碱基作为模型的输入，能够探测和量化特定位置的碱基偏好；将多模模序在 siRNA 序列上出现的频率作为模型的输入可以了解不同模序的重要程度。该方法模型简单易于理解，通过线性回归的权重直接量化评估特征的影响。

支持向量机（support vector machine）是 Cortes 和 Vapnik 于 1995 年首先提出的，它在解决小样本、非线性及高维模式识别中表现出许多特有的优势。SVM 算法已经被应用于各种生物问题的模式分类，具有优异的泛化能力，并能有效防止过拟合。SVM 算法能用于高效 siRNA 分类，不需要任何先验知识，在 SVM 训练过程中能够得到每个特征对于 siRNA 沉默效率预测的贡献率。

随机森林算法是一种比较新的算法，将分类树组合成随机森林，通过汇总分类树得到最终结果，该算法计算量小、预测精度高，对数据集的适应能力很强。利用随机森林算法建立 siRNA 的预测模型时，siRNA 的输入特征不需要规范化，既能处理离散数据，也能处理连续数据，训练速度很快，训练过程中能够检测特征之间的影响，且能够得到特征重要性的排序。

5.4 预测性能评估

性能评估是模型开发必不可少的一部分，它有助于分析模型的表现和不足，不断优化模型参数，从而达到最优模型性能。siRNA 预测模型的评估常常遵循 K 折交叉验证和独立测试两个原则。

K 折交叉验证原则是为了避免实验数据的偏向性，要求在评估预测性能时，不仅观察一次性的预测效果，而采用不同测试样本集合进行 K 次实验。具体评估过程是，将原始数据集平均分为 K 份，经历 K 次检验，其中的一份轮流做测试集，$K-1$ 份做训练集，最后将 K 次检验的结果取均值作为模型的性能。这种经过多次实验得到的结果能够避免实验数据偏向性带来的评估结果失真。

独立测试原则是为了检验模型泛化能力，独立划分训练样本和测试样本，以保证评估结果能客观反映模型对未知样本的预测准确性。具体评估过程是，将原始数据集随机地分成训练集、验证集和测试集。训练集用于构建模型；验证集用于评估训练阶段得到模型的性能，通过模型参数的优化来选择最优模型；测试集用于评估最终模型及与其他的模型进行比较。

siRNA 沉默效率预测模型主要使用皮尔逊相关系数（Pearson correlation coefficient，PCC）和接受者操作特征（receiver operating characteristic，ROC）曲线指标评价模型性能。

PCC 是一种线性相关系数，用于反映两个变量线性相关程度的统计量，用于来描述 siRNA 实际沉默效率值与预测沉默效率值之间的关系。其定义如下：

$$\text{PCC} = \frac{1}{n-1} \sum_{i=1}^{n} \left(\frac{X_i - \bar{X}}{\sigma_X} \right) \left(\frac{Y_i - \bar{Y}}{\sigma_Y} \right) \tag{5.1}$$

式中，n 代表样本数量，$\bar{X}$ 和 σ_X 代表平均值和标准差。PCC 的取值在 $-1 \sim 1$，PCC>0，表明两个变量是正相关，PCC<0，表明两个变量是负相关。PCC 的绝对值越大，相关性越强。

另外，为了验证模型是否具有更全面的预测能力，在机器学习中经常使用通过绘制一定的阈值范围内 sensitivity（Y 轴）与 1-specificity（X 轴）的曲线表示在模型预测能力的变化趋势，即 ROC 曲线。ROC 曲线是根据所有可能的阈值绘制出显示敏感性和特异性之间相互关系的曲线，因此不同的点表示给定一个阈值下敏感性和特异性的组合。曲线下面积（the area under the ROC curve，AUC）是算法整体预测能力的评价指标，AUC 为 1 和 0.5 分别代表完美分类和随机分类。其中敏感性（sensitivity）= TP/（TP + FN）；特异性（specificity）= TN/（TN + FP）[TP（true positive）是真阳性样本的个数，即实际为正样本也被预测为正样本的样本个数；FP（false positive）是假阳性样本的个数，即实际为负样本却被预测为正样本的样本个数；TN（true negative）是真阴性样本的个数，即实际为负样本也被预测为负样本的样本个数；FN（false negative）是假阴性样本的个数，即实际为正样本却被预测为负样本的样本个数]。

第 6 章　siRNA 沉默效率预测平台 siRNApred

本章提出基于二模模序和三模模序位置编码的 siRNA 沉默效率预测方法，并据此开发 siRNA 沉默效率在线预测平台——siRNApred。首先，本书提出用于 siRNA 沉默效率预测的基于二模模序和三模模序位置编码新特征，并验证了该类特征能够有效提高预测效率；其次，将二模模序和三模模序位置编码、单碱基编码、siRNA 和 mRNA 序列组成及热力学参数共 230 维特征融合形成特征集合，并用随机森林中 z-score 指标评估各特征重要度；再次，提出一个基于 z-score 的最优特征集合搜索方法选择最优特征子集；最后，利用最优特征子集作为输入，构建随机森林预测模型定量预测 siRNA 沉默效率，并据其开发 siRNA 沉默效率在线预测平台——siRNApred。

6.1　siRNApred 平台的构建流程

siRNApred 平台构建共包括 4 个步骤：siRNA 特征提取、siRNA 特征选择、基于随机森林的 siRNA 沉默效率预测模型训练及模型的评估与比较。

作者提出针对 siRNA 序列进行二模模序和三模模序位置编码的新特征，并将该特征与单个碱基编码、siRNA 和 mRNA 序列组成及热力学参数组合形成 230 维特征集合。具体特征信息见表 6.1。

表 6.1　siRNApred 采用的特征

特征类型	特征说明	特征数
单个碱基编码	将 siRNA 序列上每一位碱基编码	21
siRNA 和 mRNA 序列组成	siRNA 序列一至三模模序的频率	84
	mRNA 序列一至三模模序的频率	84
二模模序和三模模序位置编码	siRNA 序列上二模模序位置编码特征	20
	siRNA 序列上三模模序位置编码特征	19
热力学参数	siRNA 双链自由能之和	1
	siRNA 双链两端自由能之差	1

抽取表 6.1 中的特征后，对各特征用随机森林的 z-score 指标评估其重要度，

再利用基于二分查找策略的最优特征集合搜索方法特征选择，去除弱相关特征以减少计算复杂度。在获得最佳特征集合后，选择随机森林算法建立预测模型，并对模型进行评估。图 6.1 为 siRNApred 平台构建的流程。

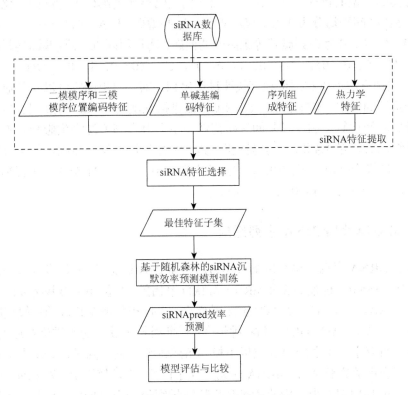

图 6.1　siRNApred 平台构建流程

6.2　siRNA 特征提取

6.2.1　单碱基编码

单个碱基编码特征是指将 siRNA 反义链上所有位置的 21 个碱基进行量化编码。

第一代 siRNA 沉默效率预测方法产生了许多基于 siRNA 序列上特定位置特定碱基的规则。例如，在高效 siRNA 反义链上，5′端的第一位碱基往往是 A 或者 U，而碱基 C 经常出现在低效 siRNA 反义链的第 7 位及第 11 位。可见，对 siRNA 反义链上每个位置的碱基进行量化编码后，可作为 siRNA 沉默效率预测的特征表示。

对 RNA 的 4 个碱基采用不同的编码规则,将形成不同的 siRNA 序列编码。常用的编码规则包括:整型编码、归一化编码及二进制编码。整型编码即直接对 4 个碱基赋予整数值,如 A = 1, C = 2, G = 3, U/T = 4,这种方法简单直接,但难以与其他类型的特征统一量纲。而归一化编码将序列编码的量纲归一化至区间 [0,1],将该区间平均分为 4 份的坐标点作为碱基编码,即 A = 0, C = 0.33, G = 0.67, U/T = 1。有的学者考虑到碱基等距离性的问题,选择用四维二进制数对碱基编码,即 A = ⟨1, 0, 0, 0⟩, C = ⟨0, 1, 0, 0⟩, G = ⟨0, 0, 1, 0⟩, U/T = ⟨0, 0, 0, 1⟩。这种方法可以利用位运算快速进行序列比对,但也面临难以与其他类型特征统一量纲的问题。本书采用的 siRNA 特征包括碱基编码、碱基性质及位置编码,不涉及碱基间运算,因此碱基间等距离性并不会对本书方法产生影响。本书在设置碱基编码时,考虑到碱基编码特征与其他特征的量纲统一原则,并且兼顾计算复杂度,最终选择位于区间[0, 1]的简单实数对 siRNA 中 21 个碱基进行编码,即 A = 0.1, U/T = 0.2, G = 0.3, C = 0.4。

6.2.2 siRNA 和 mRNA 序列组成

除了 siRNA 序列上单个碱基可作为高效 siRNA 标志外,相邻多位碱基组成的序列模序(motif)也被证实和 siRNA 沉默效率相关。2 位相邻碱基构成的二模模序,包括 AA、UG、CG 及 AC 等 16 种组合;3 位相邻碱基构成的三模模序,包括 ACC、ACU、CAG、GUC 等 64 种组合;以此类推可获得更高维度模序的定义。在现有的研究中,主要应用 3 位以下模序组成特征向量。同时,Vert 指出提取包括悬垂端在内的完整 21 位 siRNA 序列上模序特征,比只使用 19 位 siRNA 序列上模序特征更具判别能力。因此考虑到将特征量纲统一至区间[0, 1]内,本章选择统计一至三模模序在完整 siRNA 序列中出现的频率作为 siRNA 序列组成的特征描述。一模模序频率即为 A、C、G、U 每一种碱基在 siRNA 序列中出现的频率,因此可获得 4 个特征值表征一模模序频率。同理,可得到 16 个特征值和 64 个特征值分别表征二模模序频率和三模模序频率。siRNA 序列一至三模模序的频率公式如下所示:

一模模序频率 $fre_i = \dfrac{n_i}{4}$,其中,$1 \leqslant i \leqslant 4$,$n_i$ 指 A、C、G、U 四种碱基在 siRNA 序列上出现的次数。

二模模序频率 $fre_i = \dfrac{n_i}{16}$,其中,$1 \leqslant i \leqslant 16$,$n_i$ 指 AA、UG 和 CC 等 16 种二模模序在 siRNA 序列上出现的次数。

三模模序频率 $fre_i = \dfrac{n_i}{64}$,其中,$1 \leqslant i \leqslant 64$,$n_i$ 指 AAA、ACC 和 ACU 等 64

种三模模序在 siRNA 序列上出现的次数。

除此之外，本书综合考虑 mRNA 对 siRNA 效率的标志意义，将 mRNA 上一至三模模序在 mRNA 序列上出现的频率也作为序列组成特征。类似地，可以得到 4 个特征值、16 个特征值和 64 个特征值分别表征 mRNA 的一模模序频率、二模模序频率和三模模序频率。综上，siRNA 序列组成的特征共包含来自 siRNA 序列和相应 mRNA 序列的 168 个模序频率特征值。

6.2.3　二模模序和三模模序位置与 siRNA 效率相关性分析

由于 siRNA 序列是影响 RNAi 过程的重要因素，从 siRNA 序列中挖掘更多潜在的特征一直是研究的重点。特定碱基出现在 siRNA 序列中特定位置，可以作为预测 siRNA 沉默效率的特征之一，而单个碱基可视为一模模序，自然可联想二模模序和三模模序处于 siRNA 序列中的位置信息很有可能也是 siRNA 沉默效率的有效标志。本小节将定量验证二模模序和三模模序与 siRNA 沉默效率的相关性，从而提出二模模序和三模模序的位置编码作为全新的 siRNA 特征。

接下来将对 Huesken 数据集中 siRNA 序列各位置出现的二模模序和三模模序进行统计分析，探究 siRNA 序列中不同位置的二模模序和三模模序在高效与低效两类 siRNA 中是否存在偏好性。为了便于统计，根据 0.7 沉默效率阈值原则，将 Huesken 数据集中 1218 个抑制率大于 0.7 的 siRNA 视为高效 siRNA，剩余 1213 个抑制率小于 0.7 的 siRNA 视为低效 siRNA。

首先可通过尺寸为 2 的滑动窗口获得 siRNA 序列上依次出现的二模模序。而每一个完整 siRNA 序列上存在 20 个二模模序。因此可以统计每个位置上各种二模模序在两类 siRNA 样本出现的频率，并利用 t 检验计算其显著性水平。表 6.2 列出了 siRNA 反义链的 20 个二模模序上，具有最小 P 值的二模模序情况。

表 6.2　siRNA 序列各个位置高频出现的二模模序

位置	2mer 序列	频率（P）	频率（N）	关系类型	P 值
NT1-2	UU	178/1218	25/1213	促进	$9.45e^{-30}$
	GG	36/1218	159/1213	抑制	$1.52e^{-20}$
NT2-3	UA	73/1218	32/1213	促进	$4.62e^{-5}$
	GC	48/1218	96/1213	抑制	$3.26e^{-5}$
NT3-4	AA	76/1218	53/1213	促进	0.0397
	CC	57/1218	91/1213	抑制	0.0036
NT4-5	UU	111/1218	69/1213	促进	0.0013
	CC	60/1218	107/1213	抑制	0.0001

续表

位置	2mer 序列	频率（P）	频率（N）	关系类型	P值
NT5-6	AU	94/1218	56/1213	促进	0.0015
	CC	66/1218	102/1213	抑制	0.0036
NT6-7	UU	117/1218	63/1213	促进	$3.19e^{-5}$
	CC	47/1218	110/1213	抑制	$1.63e^{-7}$
NT7-8	UU	104/1218	67/1213	促进	0.0036
	CA	70/1218	120/1213	抑制	0.0001
NT8-9	CG	32/1218	51/1213	促进	0.0323
NT9-10	CA	108/1218	66/1213	抑制	0.0010
	GU	56/1218	84/1213	促进	0.0138
NT10-11	AU	101/1218	62/1213	抑制	0.0017
	CC	63/1218	96/1213	促进	0.0062
NT11-12	AA	74/1218	46/1213	抑制	0.0094
	GG	78/1218	111/1213	促进	0.0114
NT12-13	CG	32/1218	56/1213	抑制	0.0086
NT13-14	AU	108/1218	65/1213	促进	0.0008
	GG	59/1218	114/1213	抑制	$1.22e^{-5}$
NT14-15	UU	105/1218	72/1213	促进	0.0108
	GG	60/1218	110/1213	抑制	$6.10e^{-5}$
NT15-16	CA	113/1218	74/1213	促进	0.0033
	GG	72/1218	108/1218	抑制	0.0048
NT16-17	AC	82/1218	46/1213	促进	0.0012
	GG	68/1218	137/1213	抑制	$3.82e^{-7}$
NT17-18	AC	80/1218	45/1213	促进	0.0014
	GA	51/1218	95/1213	抑制	0.0002
NT18-19	UC	114/1218	69/1213	促进	0.0006
	AA	29/1218	87/1213	抑制	$2.76e^{-8}$
NT19-20	CU	124/1218	53/1213	促进	$3.23e^{-8}$
	AC	30/1218	63/1213	抑制	0.0004
NT20-21	UG	146/1218	67/1213	促进	$1.59e^{-8}$
	CC	52/1218	101/1213	抑制	$3.73e^{-5}$

表 6.2 表明，高效 siRNA 和低效 siRNA 的 20 个二模模序位置上，高频出现的二模模序截然不同。在高效 siRNA 中 'UU' 出现的频率最高，而 'GG' 和 'CC' 在低效 siRNA 中出现频率最高。在高效 siRNA 中，'UU' 常出现在 siRNA 序列中第 1~2 位、第 4~5 位、第 6~7 位、第 7~8 位。而低效 siRNA 中，'GG' 常

出现在 siRNA 序列中第 1~2 位、第 13~14 位、第 14~15 位、第 15~16 位，第 16~17 位；'CC' 常出现在 siRNA 序列中第 3~4 位、第 4~5 位、第 5~6 位、第 6~7 位、第 20~21 位。这些显著性差异说明二模模序在 siRNA 序列中的位置能够作为高效 siRNA 和低效 siRNA 的区分标志之一。

接着可通过尺寸为 3 的滑动窗口获得 siRNA 序列上依次出现的三模模序。而每一个完整 siRNA 序列上存在 19 个三模模序。故统计出每个位置上三模模序在两类 siRNA 样本出现的频率，并利用 t 检验计算其显著性水平。表 6.3 列出了 siRNA 反义链的 19 个三模模序位置上，具有最小 P 值的三模模序情况。

表 6.3 siRNA 序列各个位置高频出现的三模模序

位置	3mer 序列	频率（P）	频率（N）	关系类型	P 值
NT1-3	UUG	52/1218	5/1213	促进	$9.48e^{-10}$
	GGG	4/1218	50/1213	抑制	$1.90e^{-10}$
NT2-4	UUA	14/1218	4/1213	促进	0.0184
	GCC	10/1218	33/1213	抑制	0.0004
NT3-5	AUU	28/1218	9/1213	促进	0.0009
	CAC	9/1218	29/1213	抑制	0.0005
NT4-6	UAU	19/1218	5/1213	促进	0.0021
	CCA	19/1218	41/1213	抑制	0.0019
NT5-7	AUU	29/1218	11/1213	促进	0.0021
	CCC	6/1218	30/1213	抑制	$2.59e^{-5}$
NT6-8	UUU	40/1218	12/1213	促进	$4.53e^{-5}$
	CCA	10/1218	41/1213	抑制	$5.20e^{-6}$
NT7-9	UCU	37/1218	18/1213	促进	0.005
	CGU	3/1218	16/1213	抑制	0.0013
NT8-10	ACA	29/1218	13/1213	促进	0.0066
	AAU	8/1218	28/1213	抑制	0.0004
NT9-11	CAA	26/1218	7/1213	促进	0.0004
	AUU	12/1218	30/1213	抑制	0.0024
NT10-12	ACA	35/1218	11/1213	促进	0.0002
	CGA	2/1218	12/1213	抑制	0.0036
NT11-13	CUA	32/1218	13/1213	促进	0.0022
	GCG	6/1218	23/1213	抑制	0.0007
NT12-14	AUU	30/1218	11/1213	促进	0.0014
	GGG	9/1218	31/1213	抑制	0.0002

续表

位置	3mer 序列	频率（P）	频率（N）	关系类型	P 值
NT13-15	UUU	33/1218	16/1213	促进	0.0074
	CCG	6/1218	20/1213	抑制	0.0028
NT14-16	CCA	36/1218	16/1213	促进	0.0026
	CCC	6/1218	21/1213	抑制	0.0018
NT15-17	UAU	16/1218	4/1213	促进	0.0036
	UGG	19/1218	46/1218	抑制	0.0003
NT16-18	ACU	31/1218	12/1213	促进	0.0018
	CGA	1/1218	10/1213	抑制	0.0032
NT17-19	CUG	49/1218	21/1213	促进	0.0004
	GUU	9/1218	34/1213	抑制	$5.57e^{-5}$
NT18-20	UCU	43/1218	11/1213	促进	$5.54e^{-6}$
	AAA	8/1218	28/1213	抑制	0.0004
NT19-21	CUG	61/1218	16/1213	促进	$9.70e^{-8}$
	AGA	7/1218	31/1213	抑制	$4.05e^{-5}$

由表 6.3 看出，高效 siRNA 和低效 siRNA 的 19 个三模模序位置上，高频出现的三模模序同样存在很大不同。在高效 siRNA 中，'AUU' 出现在 siRNA 序列中第 3～5 位、第 5～7 位、第 12～14 位；低效 siRNA 中，'CGA' 分别出现在 siRNA 序列的第 10～12 位、第 16～18 位；'GGG' 分别出现在 siRNA 序列的第 1～3 位、第 12～14 位；'CCA' 分别出现在 siRNA 序列的第 4～6 位、第 6～8 位。许多文献证实这些特定位置的三模模序与 siRNA 沉默效率相关。Klingelhoefer 等（2009）利用随机逻辑回归算法选择与 siRNA 沉默效率相关的特征。特征选择结果显示在三模模序中，'UCU' 的频率与沉默效率相关性最大。从表 6.3 可知，'UCU' 常出现高效 siRNA 的第 7 位及第 18 位。除此之外，Teramoto（2005）认为在三模模序中，'CAC' 的频率与沉默效率相关性最大，从表 6.3 可知，'CAC' 常出现在低效 siRNA 的第 3 位。这些显著性差异，说明三模模序在 siRNA 序列中的位置能够作为高效 siRNA 和低效 siRNA 的区分标志之一。

6.2.4 二模模序和三模模序的位置编码

为了利用二模模序和三模模序的位置信息作为潜在特征，用于 siRNA 沉默效率预测，本小节将提出一种四进制运算的二模模序和三模模序位置信息量化编码规则。

假设长度为 21 位的完整 siRNA 的反义链为 $S = a_1, a_2, \cdots, a_i, \cdots, a_{21}$，其中 $1 \leq i \leq 21$。则 $a_d a_{d+1}$ 代表位置为 d 的二模模序，其中 $1 \leq d \leq 20$；$a_t a_{t+1} a_{t+2}$ 代表位置为 t 的三模模序，其中 $1 \leq t \leq 19$。本书定义四进制运算的位置编码规则，将每一个二模模序和三模模序赋予不同的整数编码。令 X_{2NT} 表示二模模序位置编码，则有

$$X_{2NT} = [C(a_1 a_2), \cdots, C(a_{\text{position}} a_{\text{position}+1}), \cdots, C(a_{20} a_{21})] \tag{6.1}$$

式中，$1 \leq \text{position} \leq 20$，$C(a_{\text{position}} a_{\text{position}+1})$ 的计算公式如下：

$$C(a_{\text{position}} a_{\text{position}+1}) = (f-1) \times 4 + s \tag{6.2}$$

式中

$$f = \begin{cases} 1 & \text{if } a_{\text{position}} = \text{'A'} \\ 2 & \text{if } a_{\text{position}} = \text{'U' or } a_{\text{position}} = \text{'T'} \\ 3 & \text{if } a_{\text{position}} = \text{'G'} \\ 4 & \text{if } a_{\text{position}} = \text{'C'} \end{cases},$$

并且

$$s = \begin{cases} 1 & \text{if } a_{\text{position}+1} = \text{'A'} \\ 2 & \text{if } a_{\text{position}+1} = \text{'U' or } a_{\text{position}+1} = \text{'T'} \\ 3 & \text{if } a_{\text{position}+1} = \text{'G'} \\ 4 & \text{if } a_{\text{position}+1} = \text{'C'} \end{cases}。$$

同样地，令 X_{3NT} 表示三模模序位置编码，则有

$$X_{3NT} = [C(a_1 a_2 a_3), \cdots, C(a_{\text{position}} a_{\text{position}+1} a_{\text{position}+2}), \cdots, C(a_{19} a_{20} a_{21})] \tag{6.3}$$

式中，$1 \leq \text{position} \leq 20$，$C(a_{\text{position}} a_{\text{position}+1} a_{\text{position}+2})$ 的计算公式如下：

$$C(a_{\text{position}} a_{\text{position}+1} a_{\text{position}+2}) = (f-1) \times 16 + (s-1) \times 4 + t \tag{6.4}$$

式中

$$f = \begin{cases} 1 & \text{if } a_{\text{position}+1} = \text{'A'} \\ 2 & \text{if } a_{\text{position}+1} = \text{'U' or } a_{\text{position}+1} = \text{'T'} \\ 3 & \text{if } a_{\text{position}+1} = \text{'G'} \\ 4 & \text{if } a_{\text{position}+1} = \text{'C'} \end{cases},$$

$$s = \begin{cases} 1 & \text{if } a_{\text{position}+1} = \text{'A'} \\ 2 & \text{if } a_{\text{position}+1} = \text{'U' or } a_{\text{position}+1} = \text{'T'} \\ 3 & \text{if } a_{\text{position}+1} = \text{'G'} \\ 4 & \text{if } a_{\text{position}+1} = \text{'C'} \end{cases},$$

并且

$$t = \begin{cases} 1 & \text{if } a_{\text{position}+1} = \text{'A'} \\ 2 & \text{if } a_{\text{position}+1} = \text{'U' or } a_{\text{position}+1} = \text{'T'} \\ 3 & \text{if } a_{\text{position}+1} = \text{'G'} \\ 4 & \text{if } a_{\text{position}+1} = \text{'C'} \end{cases}$$

经过上述编码过程后，每个 siRNA 序列将产生 20 个特征值组成的二模模序位置编码和 19 个特征值组成的三模模序位置编码。这些位置编码为每一个二模模序和三模模序独立编码，并且又依据其在 siRNA 序列出现的顺序生成特征向量，同时反映了模序信息和位置信息。这些二模模序和三模模序位置编码将经过归一化后，作为 siRNApred 模型中 siRNA 初始特征的一部分，用于 siRNA 沉默效率预测。

6.2.5 热力学参数

研究表明，siRNA 序列两端的热力学稳定性将影响 RNAi 的效率。由于 siRNA 和靶标 mRNA 交互并结合的过程伴随着能量转移，因此热力学参数能够反映 siRNA 的稳定性和可结合性，可作为与 siRNA 沉默效率直接相关的特征。

本书选择最直接刻画 siRNA 和靶标 mRNA 结合能量的两个热力学参数作为 siRNA 特征。第一个热力学参数是 siRNA 序列总吉布斯自由能（Gibbs free energy）ΔG_{duplex}，它反映 siRNA-mRNA 结合形成双链的稳定性。根据 Watson-Crick 规则，ΔG_{duplex} 的值可通过累计 siRNA 序列上所有相邻碱基对的自由能总和得到。第二个热力学参数是 siRNA 双链上 5'端的能量差 $\Delta\Delta G$，它的值可由 siRNA 反义链的 5'端和 3'端的 4 个碱基对自由能总和相减得到。Xia 提供了所有相邻碱基对的自由能数值列表，因此 ΔG_{duplex} 和 $\Delta\Delta G$ 特征值只需依据 siRNA 序列上的碱基对查询列表即可进行计算。

6.3 基于随机森林的 siRNA 沉默效率预测模型

随机森林（random forest，RF）具有训练速度快、参数较少、不易过拟合的优点。同时，它还能给出特征的重要度评价，利于特征选择。siRNApred 采用随机森林算法构建 siRNA 抑制率预测模型，并利用该算法评价提取的 siRNA 单碱基编码、siRNA 和 mRNA 序列组成、二模模序和三模模序位置编码及热力学参数特征的重要度，筛选其中最具判别力的特征子集作为 siRNApred 的特征输入。

6.3.1 决策树

随机森林是集成多个决策树的组合分类器，本小节将首先介绍决策树的思想。决策树是一种树状模型，主要包括 3 种节点：根节点、叶子节点及中间节点。决策树的生成主要采用程序递归的策略：开始于根节点，从根节点分成左右两棵子树，再从子树开始，继续生成新的根节点和左右子树，以此递归，子树再生成新的子树，直到生成叶子节点为止。节点分裂左右子树的时候，需要对不同属性分类后的结果进行比较，选择最优的属性进行分裂。根据比较规则的不同，决策树生成算法包括 CLS 算法、ID3 算法、C4.5 算法及 CART 算法。

1. CLS 算法

该算法中的节点随机分裂，算法执行初始时随机选择一个属性作为根节点，根节点的分支个数即为属性值域数相同，接着再随机选择一个属性继续分裂，直到生成叶子节点为止。

2. ID3 算法

由于 CLS 算法在节点分裂时随机产生属性，会对算法带来不确定性。Quinlan 于 1986 年提出了著名的 ID3 算法，该算法通过信息熵来决定可分裂节点的属性。首先由信息熵出发，计算每个属性的信息增益率，选择信息增益最小的属性出发到达子树的平均路径最短，这种情况下产生的决策树的平均深度更小。ID3 算法弥补了 CLS 算法的不足，使得决策树的规则具有一定固定性和可重现性，并且产生的决策树深度也很小。但 ID3 存在两个缺点：一是无法处理连续变量；二是属性选择的指标信息增益会更加偏向取值较多的属性，易导致陷入局部极值。

3. C4.5 算法

为了解决信息增益会产生偏离的问题，C4.5 算法引入分裂信息指标计算信息增益率，根据对信息增益率选择可分裂属性。C4.5 算法克服了其他算法的许多缺点，提高了算法的分类精度。但是由于算法在执行过程中需要对数据集进行反复的遍历，使得算法整体的时空复杂度较高。

4. CART 算法

与 ID3 算法和 C4.5 算法不同的是，CART 算法使用 Gini 指标最小原则进行属性分裂。该算法首先将分裂属性的取值划分为两个子集，并利用训练集计算两个子集的 Gini 指标，最后利用二分递归把当前训练集划分成两个子集，生成左右两个分支的子树。CART 算法与 C4.5 算法相同，更适用于离散属性变量。

6.3.2 随机森林预测模型

随机森林通过组合一系列决策树实现分类或回归，具有高性能、对噪声不敏感、很少出现过拟合的优势。它的核心思想是，在原始样本中按照 boostrap 重抽样方法抽取出多个样本，利用这些样本建立决策树并组合在一起。随机森林的分类或回归的输出为所有决策树输出结果的投票或均值。随机森林的构建需要经过以下 3 个步骤：

第一，抽样选择建立决策树的训练集。随机森林中每一棵决策树的构造都对应着不同的训练集，如果需要构建 N 棵决策树的随机森林，就需要从原始数据中进行 N 次训练样本抽样。随机森林主要采用 bagging 抽样技术从原始数据集中产生训练样本，每次抽样产生的训练样本数量约为原始训练集样本数的 2/3，剩余 1/3 样本称为 OOB 数据（out-of-bag data）。OOB 数据常被用于评估分类或回归模型的性能及评估属性重要度。Bagging 抽样技术又称无权重抽样，以可重复随机抽样为基础，且训练集中所有样本均都有被抽取的可能。

第二，对 N 次抽样的训练样本，分别建立决策树。根据 6.3.1 小节介绍的决策树构造方法，为每次抽样的训练样本，均构造一棵决策树。考虑到 siRNApred 提取的 siRNA 特征维度较大，完全使用特征集合构造决策树的时空复杂度较高，可随机选取一部分特征属性进行决策树建模。在每棵决策树的生长过程中，只需从原始特征集合随机选择 m 个变量参与节点分裂，并且 $m<M$（M 为原始特征属性数量）即可。这样构造的决策树之间相关性较低，能够提升整个随机森林算法的泛化能力。m 的取值一般为 $\log_2^{M+1}$。

第三，集成这 N 棵决策树建立随机森林模型。当随机森林模型构造完成后，可以用其对测试样本进行分类或回归预测。siRNApred 的功能是预测输入 siRNA 的沉默效率，因此可以通过 6.1 小节提取的 siRNA 特征集合建立随机森林模型，将随机森林中所有决策树的回归预测结果均值作为 siRNA 沉默效率的预测结果。

6.4 siRNA 特征选择

对一个好的机器学习算法来说，训练模型的关键是选择优秀的特征集合。特征选择是从原始特征集合中，选择最有效的特征子集作为预测模型输入，从而降低数据集维度的过程。特征选择能够提高模型的性能，也是模型建立最关键的预处理过程。

6.4.1 z-score 特征重要度评价

搜寻最优特征子集的关键要素是通过特征重要度评价指标，衡量特征子集的性能优劣。siRNApred 的初始特征向量包括 21 维单碱基编码、168 维 siRNA 和 mRNA 序列组成、39 维二模模序和三模模序位置编码及 2 维热力学参数。为了考察这些特征的重要度，本书使用随机森林构建过程产生的 z-score 作为特征重要度评价指标。

在随机森林中，z-score 是衡量第 j 个特征对分类的贡献的评价指标，它通过置换检验（permutation test）过程产生。置换检验的思想是，对 OOB 中所有样本的第 j 个特征数据进行随机位置置换，扰乱该特征的取值，然后观察调整前后模型的分类精度，从而评判该特征对分类的重要程度。令 $VI^{(t)}(x_j)$ 表示决策树 t 对第 j 个特征在 OOB 样本 $\overline{\beta}^{(t)}$ 中进行置换检验后的分类精度减少量，其计算公式如下：

$$VI^{(t)}(x_j) = \frac{\sum_{i \in \overline{\beta}^{(t)}} I(y_i = \hat{y}_i^{(t)})}{|\overline{\beta}^{(t)}|} - \frac{\sum_{i \in \overline{\beta}^{(t)}} I(y_i = \hat{y}_{i,\pi_j}^{(t)})}{|\overline{\beta}^{(t)}|} \quad (6.5)$$

式中，x_j 是第 j 个特征的特征取值，$\hat{y}_i^{(t)} = f^{(t)}(x_i)$ 是置换排列特征前，原始 OOB 样本通过随机森林预测模型获得的预测分类；$x_{i,\pi_j} = (x_{i,1}, \cdots, x_{i,j-1}, x_{\pi_j(i),j}, x_{i,j+1}, \cdots, x_{i,p})$ 是随机置换第 j 个特征的特征值，$\hat{y}_{i,\pi_j}^{(t)} = f^{(t)}(x_{i,\pi_j})$ 特征置换之后的预测分类结果。值得注意的是，如果特征 x_j 不是生成决策树 t 的变量，则 $VI^{(t)}(x_j) = 0$。因此对于所有的决策树，$VI(x_j)$ 可以被定义为

$$VI(x_j) = \frac{\sum_{t=1}^{n_{\text{tree}}} VI^{(t)}(x_j)}{n_{\text{tree}}} \quad (6.6)$$

式中，n_{tree} 是随机森林中所有决策树的个数。最终，第 j 个特征的 z-score 重要度可定义如下：

$$z\text{-score}_j = \frac{VI(x_j)}{\frac{\hat{\sigma}}{\sqrt{n_{\text{tree}}}}} \quad (6.7)$$

式中，$\hat{\sigma}$ 是所有决策树 $VI^{(t)}(x_j)$ 的标准差。从而可以为每个特征分量计算 z-score，并根据 z-score 大小从初始特征集合中搜寻 siRNA 最优特征子集。

6.4.2 siRNA 最优特征集合搜索

获得每一个特征的重要度后，选择快速、合理的特征子集搜索方法是建立最

优特征集合的必要手段。由于本章提取的 siRNA 特征初始集合高达 230 维，遍历所有潜在特征子集的完全搜索策略计算复杂度非常高，因此本小节将提出根据 z-score 的最优特征集合搜索方法。

该方法依据 z-score 对特征集合进行重要度排序形成特征全集，然后依次从该集合删除重要度较低的候选特征直至分类性能达到最优，属于启发式的贪心算法。在选择待删除的候选特征时，采用二分查找策略，每次从当前特征集合中尝试删去重要度较低的一半特征分量，然后用剩余的特征进行预测性能评估。若预测性能有所提升，则继续查找更优的特征子集，否则将停止搜寻。本方法采用的预测性能评价指标为皮尔逊相关系数（PCC）。

令经过该方法选择的最佳特征子集样本数为 k，初始特征集合的样本数为 m，这样有 $k<m$，据此描述该方法搜寻过程的伪代码如下。

Algorithm 搜寻最优特征子集

输入：数据集 $L = \{[F_i(m), y_i]\}_1^n$，其中 $F_i(m) = \{f_1, f_2, \cdots, f_m\}$ 是从 siRNA 序列中提取的特征，并且 y_i 是实验验证的 siRNA 的抑制率。F 中的特征首先根据特征重要度 z-score 按照降序排列。初始的 min 和 max 分别为 1 和 m。

输出：最佳特征集合 $O(k) = \{f_1, f_2, \cdots, f_k\}$。

Step 1：将数据集 L 分成 10 份，其中 9 份作为训练集，剩下的 1 份作为测试集。我们使用训练集和特征集合 $F_i(m)$ 中的特征建立随机森林模型，然后使用测试集进行测试得到预测的抑制率。最后得到测试集的预测沉默效率与测试集的真实沉默效率的皮尔逊相关系数（PCC）为 $Corr1$。

Step 2：$k = (max + min) / 2$

Step 3：**while** max > k and min < k **do**
  根据 Step1，利用 $L = \{[F_i(k), y_i]\}_1^n$ 计算皮尔逊相关系数（PCC）为 $Corr2$；
  If $|Corr2| > |Corr1|$ **then**
   $Corr2 = Corr1$
   $max = k$
  else $min = k$
  end if
  $k = (max + min) / 2$
end while

Step 4：$O(k) = F_i(k)$

6.5 实验分析

6.5.1 实验数据集

目前已有许多公开的 siRNA 数据集，但大多数据集样本量较少，且数据来自不同的实验条件，影响 siRNA 沉默效率的预测准确度。建立一个优秀的机器学习模型需要足量训练样本和质量统一的训练数据。目前规模最大且全部数据在相同实验条件下获取的 Huesken 数据集正符合这些要求。

Huesken 数据集是通过高通量技术检测，靶向 34 条哺乳动物 mRNA 的 2431 个 siRNA 样本。该数据集提供了 siRNA 序列、靶标 mRNA 序列及标准化实验测定的沉默效率。数据集中 1222 个 siRNA 的沉默效率大于 70%，369 个样本沉默效率大于 90%。表 6.4 展示了 Huesken 数据集中 mRNA 信息及其包含的 siRNA 数量。Huesken 数据集具有足量样本支持本章的随机森林模型的训练。该数据集被划分为 2182 条序列的训练集（Huesken_train）和 249 条序列的测试集（Huesken_test），用于模型的训练和测试。

表 6.4 Huesken 数据集中靶标 mRNA 信息

名称	长度	siRNA 数量
AY044845	872	0
BD135193	623	67
NM_001001481	391	78
NM_002559	1132	90
NM_003337	420	79
NM_003340	344	78
NM_003342	454	79
NM_003344	449	70
NM_003345	374	64
NM_003347	362	53
NM_003348	400	79
NM_003969	511	76
NM_004223	397	72
NM_004359	607	57
NM_005339	389	79
NM_005450	579	71
NM_006357	564	79
NM_007019	300	76
NM_012864（444-793）	351	75
NM_012864（80-365）	286	75
NM_014176	529	77
NM_014501	575	79
NM_015213	3784	126
NM_016021	892	49

续表

名称	长度	siRNA 数量
NM_016406	450	70
NM_017346	1844	46
NM_021988	454	74
NM_022005	854	72
NM_025237	542	75
NM_053656	1319	77
NM_080692	884	0
NM_130419	1536	0
XM_214061	1485	144
XM_371822	2186	145

为了机器学习训练模型的泛化能力，3 个样本含量相对较少的独立数据集作为测试集验证模型的有效性。

第一个测试数据集是 Reynolds 数据集，其中包含 248 条 siRNA 序列。数据集中的 180 个 siRNA 靶向 human cyclophilin B 和 firefly luciferase 中两段 180nt 的区域，这些 siRNA 靶标的第 1 位都只相隔 1nt。表 6.5 列出了这两个靶标 mRNA 序列的详细信息。

表 6.5　human cyclophilin B 和 firefly luciferase 序列信息

mRNA 名称	GenBank 序号	mRNA 序列
human cyclophilin B（193～390）	M60857	5′-GTTCCAAAAACAGTGGATAATTTTGTGGCCTTAGCTACAGGAGAGAAAGGATTTGGCTACAAAAACAGCAAATTCCATCGTGTAATCAAGGACTTCATGATCCAGGGCGGAGACTTCACCAGGGGAGATGGCACAGGAGGAAAGAGCATCTACGGTGAGCGCTTCCCCGATGAGAACTTCAAACTGAAGCACTACGG-3′
firefly luciferase（1434～1631）	U47298	5′-TGAACTTCCCGCCGCCGTTGTTGTTTTGGAGCACGGAAAGACGATGACGGAAAAAGAGATCGTGGATTACGTCGCCAGTCAAGTAACAACCGCGAAAAAGTTGCGCGGAGGAGTTGTGTTTGTGGACGAAGTACCGAAAGGTCTTACCGGAAAACTCGACGCAAGAAAAATCAGAGAGATCCTCATAAAGGCCAAGA-3′

Reynolds 数据集中其余 68 个 siRNA 靶标 mRNA 信息及靶向位置见表 6.6。

表 6.6　Reynolds 数据集其余 68 个 siRNA 靶标 mRNA 详细信息

mRNA 名称	GenBank 序号	siRNA 靶向 mRNA 位置
renilla luciferase（rLuc）	AK025845	174、300、432、568、592、633、729、867、25、495、808、599
firefly luciferase（fLuc）	U47296	448、750、1196、1203、1212、1314、206、893、1313、1604
secreted alkaline phosphatase（ALPPL2）	NM_031313	138、148、698、744、1212、1230、1232、1419、855、1049、1211、1544
polo-like kinase（PLK）	X75932	183、291、684、794、1310、1441、245、554、751、1424
diazepam binding inhibitor（DBI）	NM_020548.2	217、255、355、472、478、254、263、280、287
glyceraldehyde-3-phosphate dehydrogenase（GAPD）	NM_002046	337、355、375、395、415、435、455、475、495、515、343、347、389、401、407、409、417、419、421、479

第二个测试数据集为 Vickers 数据集，其中包含两条靶向人类 mRNA 的 5′-UTR、编码区及 3′-UTR 的 80 条 siRNA。这两条 mRNA 在 GenBank 的序号分别为 J03132 和 U92436。

第三个测试数据集为 Haborth 数据集，其中包含 44 条靶向人类和小鼠 mRNA 的 siRNA，这些 mRNA 的 GenBank 序号分别为 D49732~D49735、L12399~L12401。Haborth 数据集中沉默效率大于 90% 的 siRNA 样本达 21 条，只有 2% 的 siRNA 样本沉默效率小于 50%。

6.5.2　二模模序和三模模序位置编码有效性

在本小节中，首先对二模模序和三模模序位置编码的有效性进行检验。作者分别建立了两个随机森林预测模型 model1 和 model2。model1 只将 6.2 节中介绍的 21 个单碱基编码、168 个 siRNA 和 mRNA 序列组成特征及 2 个热力学参数作为模型输入；而 model2 在 model1 输入特征的基础上，增加二模模序和三模模序位置编码共同作为模型输入特征。这两个预测模型都由 Huesken_train 数据集进行训练，并用 Huesken_test 数据集验证预测效果。model1 和 model2 对 Huesken_test 数据集中 siRNA 样本预测结果如图 6.2 所示。

从图 6.2 可以看出，model1 和 model2 输出的预测沉默效率与实际沉默效率之间 PCC 值分别为 0.671 和 0.704。特征集合增加二模模序和三模模序位置编码的 model2 预测性能相对 model1 提高 4.92%，体现了本书提出的新 siRNA 序列特征对 siRNA 沉默效率预测的贡献，证明它们可以作为预测 siRNA 沉默效率的特征之一。

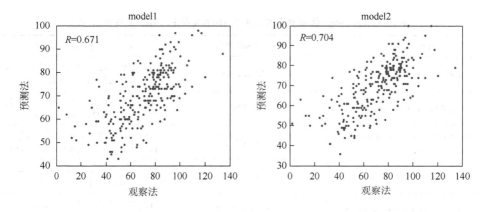

图 6.2　model1 和 model2 预测结果

6.5.3　特征评估与筛选

本小节将使用 6.4 节介绍的特征选择算法，对 21 个单碱基编码、168 个 siRNA 和 mRNA 序列组成特征、39 个二模模序和三模模序位置编码及 2 个热力学参数组成的初始 siRNA 特征集合进行特征评估和筛选。首先用 6.5.2 小节训练的 model2 生成这些特征的 z-score，并根据 z-score 大小对特征进行重要度排序，然后执行基于 z-score 的特征选择算法搜寻最优特征子集。搜寻过程中，不断尝试用 Huesken_test 数据集对排序后特征集合的折半子集进行预测，观察预测结果的 PCC 值变化趋势，寻找能够产生最佳 PCC 值的特征集合。表 6.7 展示了搜寻最优特征子集迭代过程相关信息。

表 6.7　搜寻最优特征子集迭代过程

迭代次数	特征个数（k）	皮尔逊相关系数（PCC）
1	230	0.704
2	230/2 = 115	0.713
3	115/2 = 57	0.722
4	57/2 = 28	0.712
5	28 + (57−28)/2 = 42	0.720
6	42 + (57−42)/2 = 49	0.721
7	49 + (57−49)/2 = 53	0.721
8	53 + (57−53)/2 = 55	0.719
9	55 + (57−55)/2 = 56	0.721

表 6.7 展示了不同迭代次数中，特征子集的特征数和该子集产生的 PCC。结果显示当重要度排在前 57 位的特征组成的特征子集，其 PCC 达到迭代过程中的最大值（0.722）。因此，作者选择这 57 个特征作为建立 siRNApred 的特征集合，并在图 6.3 展示这些特征和相应的 z-score。

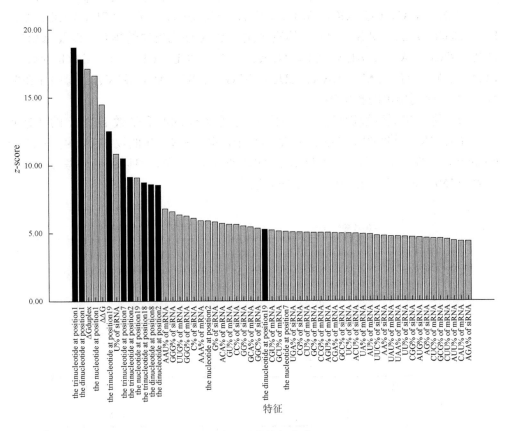

图 6.3 最优特征集合

图 6.3 按照重要度降序顺序展示了基于 z-score 的特征选择算法选择的 57 个特征。这些特征中包括了 10 个本书新提出的二模模序和三模模序位置编码特征，它们分别是第 1、第 2、第 8 和第 19 位的二模模序编码，以及第 1、第 2、第 7、第 18 和第 19 位的三模模序位置编码。值得注意的是，Takahashi 指出 siRNA 反义链 5′端（位置第 19～21 位）是 Argonaute 蛋白的绑定点。Argonaute 蛋白是 RNA 诱导沉默复合物（RNA-induced silencing complexes，RISC）的核酸内切酶，它主要用于剪切与 siRNA 反义链互补的靶标 mRNA。上述特征选择的结果显示，三模模序 'CUG' 以较高频次出现在高效 siRNA 的这个位置。作者认为由于第 19 位三

模模序是 Argonaute 蛋白的绑定点，所以其可能与 siRNA 活性相关。可以在未来的研究中，根据该现象进一步设计生物实验考察，Argonaute 蛋白是否更倾向于绑定在第 19 位具有特定三模模序的高效 siRNA 上。

筛选出来的最优特征子集的其他特征，包括了许多已被证实与 siRNA 沉默效率有关的特征，包括第 1、第 2、第 7 和第 19 位的碱基，热力学参数 ΔG_{duplex} 和 $\Delta\Delta G$，U、GGG、C、G、CC、GG、GGC、UGA、CG、GCC、UC、ACU、UUC、AA、UU、CGG、AUG、AG 和 AGA 等模序在 siRNA 序列出现的频率；以及 AAU、UUG、GGG、AAA、ACA、GU、GCA、CGU、GCU、CU、GC、CCG、AGU、CGA、UA、AU、UAU、UAA、CUC、GCG、CUU、AUU 和 CAU 等模序在靶标 mRNA 序列出现的频率等。

为了进一步展示最优特征子集的特征对高效 siRNA 和低效 siRNA 的区分能力，作者根据这些特征在 Huesken 数据集中高效 siRNA 和低效 RNA 的分布绘制 boxplot 图。图 6.4 展示了重要度前 15 的特征 boxplot 图，可以看出这些特征对于高效 siRNA 和低效 RNA 具有一定的判别力。

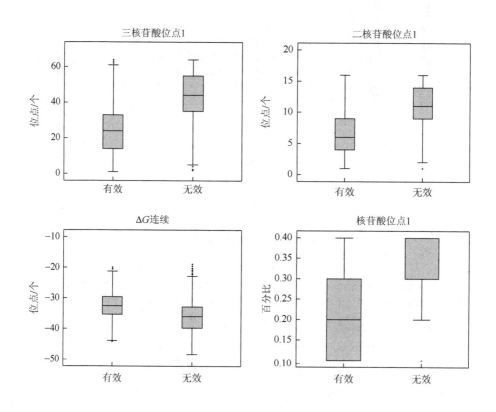

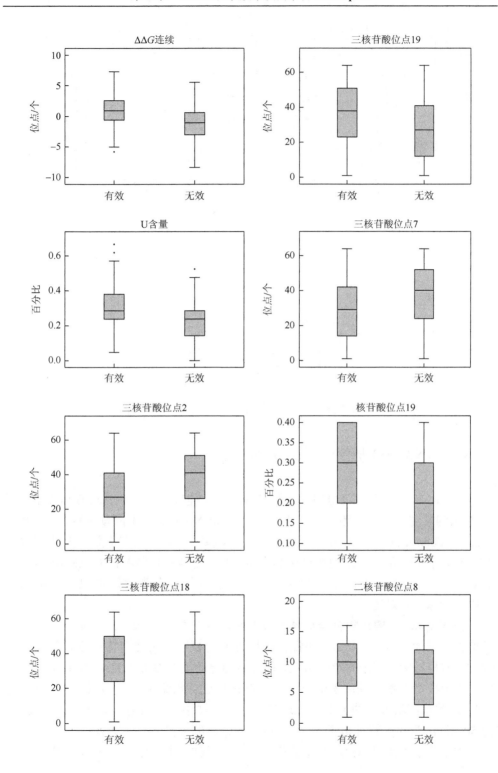

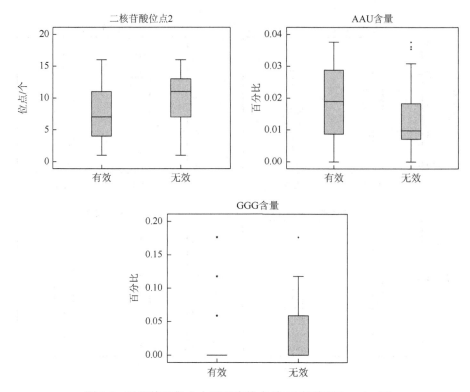

图 6.4　最优特征集合中重要度排名前 15 的特征 boxplot 图

6.5.4　siRNApred 与主流预测算法比较

在 siRNApred 中，获得的 57 维 siRNA 的最佳特征子集和随机森林算法共同实现 siRNA 沉默效率预测。在本小节将对比 siRNApred 与主流预测算 Biopredsi、i-score、ThermoComposition-21 和 DSIR 的预测效果。除了评价预测结果准确度的 PCC 外，本小节还将根据预测结果和指定阈值，考察各预测算法对 siRNA 属于高效 siRNA 还是低效 siRNA 的分辨能力。此时将采用评价分类效果的 AUC 值和 ROC 曲线等指标进行对比。

siRNApred 在构建随机森林预测模型时，首先在 Huesken_train 训练集上进行模型参数寻优。对随机森林中决策树数目 N 和每棵决策树使用特征数 m 这两个参数进行网格搜索，步长分别为 100 和 1，最终确定的模型参数为 $N=1000$ 和 $m=24$。根据以上模型参数，采用 Huesken_test 测试集进行预测实验，得到的预测结果与实际 siRNA 沉默效率的 PCC 为 0.722，并且该结果比使用随机森林默认参数（N 为 500 和 m 为输入特征数量的 1/3）得到的预测结果提高了 1.7%。

本书用其他预测算法进行了相同实验设置的预测实验。这些方法都使用

Huesken_train 训练集建模,并在 Huesken_test 测试集上进行验证。表 6.8 展示了 siRNApred 和其他方法的预测结果,其中显示 siRNApred 比其他 4 种算法分别提高了 9.39%、10.39%、9.56%和 7.76%的预测准确度。

表 6.8　5 种算法的预测结果

方法	PCC（r）
Biopredsi	0.660
i-score	0.654
ThermoComposition-21	0.659
DSIR	0.670
siRNApred	0.722

此外,根据文献的划分规则,将 Huesken_test 测试集中能够沉默靶标 mRNA 70%以上的 siRNA 设置为高效 siRNA,剩余的 siRNA 则视为低效 siRNA。这样,可以考察不同方法对高效 siRNA 和低效 siRNA 的分类能力。我们把这 5 种算法预测结果形成的 ROC 曲线绘制于图 6.5,并分别计算它们的 AUC。从图 6.5 可以看出,siRNApred 的 ROC 曲线整体高于其他算法的 ROC 曲线,并且其 AUC 值为 0.898,高于 Biopredsi、i-score、ThermoComposition-21 及 DSIR 的 AUC 值,说明 siRNApred 具有更强的 siRNA 分类能力。

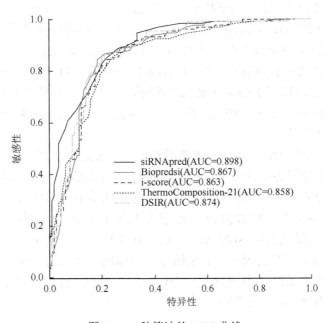

图 6.5　5 种算法的 ROC 曲线

由于在进行 siRNA 设计时,若低效 siRNA 被错分为高效 siRNA 将增加实验成本。因此 siRNA 沉默效率预测工具更倾向于尽可能地减少假阳性。因此,本书更关注具有高特异性的区域,并在该区域比较不同算法的敏感性。图 6.5 显示,siRNApred 在高特异性区域的面积明显大于其他算法。在该区域,本书设置 2 种算法比较基准线,分别为算法特异性达 96.5%和 99.1%时,观察这些算法的敏感性。表 6.9 显示了在高特异性区域各个算法达到的敏感性。

表 6.9 针对不同的特异性 5 种算法的敏感性

方法	敏感性(96.5%特异性)/%	敏感性(99.1%特异性)/%
siRNApred	51.9	29.6
Biopredsi	16.3	8.1
i-score	24.4	6.7
ThermoComposition-21	28.9	18.5
DSIR	20.0	10.4

在各个算法特异性达 96.5%时,siRNApred 敏感性为 51.9%,分别比 Biopredsi、i-score、ThermoComposition-21 及 DSIR 高 16.3%、24.4%、28.9%和 20.0%。当各个算法的特异性为 99.1%时,siRNApred 的敏感性要高于其他 4 种算法。这说明 siRNApred 的预测性能整体优于其他 4 种算法。

为了考察 siRNApred 的泛化能力,作者进一步与其他 9 种算法进行了比较,包括第一代 siRNA 预测代表性方法 Reynolds、Ui-Tei、Amarzguioui、Katoh、Hsieh,以及第二代 siRNA 预测代表性方法 Biopredsi、i-score、ThermoComposition-21 和 DSIR。所有方法都使用 Huesken 数据集训练,并在 3 个单独的数据集 Vickers、Reynolds 和 Harborth 上进行测试。图 6.6 展示了这些方法在这 3 个独立数据集上的 PCC 值和 AUC 值。

图 6.6 的结果显示,siRNApred 获得 9 种方法最高的 PCC 值,并且,除了在 Vicker 数据集上进行验证的结果,siRNApred 的 AUC 值均大于其他算法。另外,siRNApred 算法在不同的数据集上都有相对稳定的结果。除此之外,结果显示第一代 siRNA 预测方法的 PCC 值和 AUC 值都普遍低于第二代方法。

通过以上对比可看出,siRNApred 比其他几种算法都更为稳定和有效。得益于 siRNApred 考虑了二模模序和三模模序位置编码,并约简去除不相关特征。实验结果显示当考虑 siRNA 反义链上二模模序和三模模序位置编码时,siRNA 沉默效率的预测将有明显的性能提升。

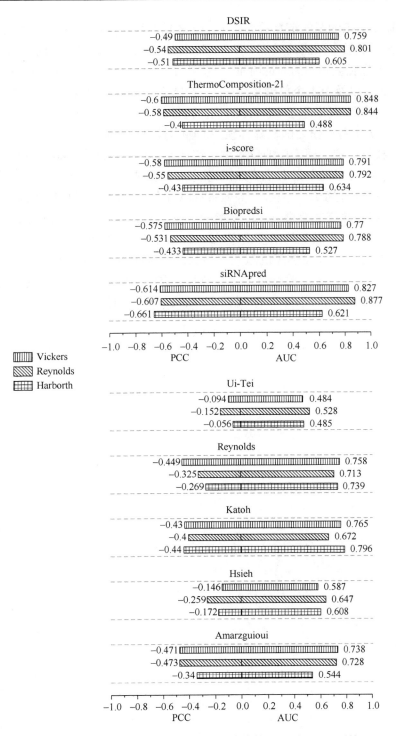

图 6.6　第一代和第二代 siRNA 预测算法的 PCC 和 AUC 对比

准确预测 siRNA 的沉默效率是 RNAi 成功执行的关键步骤，而 siRNA 序列又是 siRNA 沉默效率预测的重点考虑因素。本书中提出将 siRNA 序列中二模模序和三模模序的位置编码作为新的特征，并提出了一个包括 39 个二模模序和三模模序的位置编码，以及 191 个单碱基编码、siRNA 和 mRNA 序列组成及热力学参数在内的 230 个特征，利用基于 z-score 的最优特征集合搜索方法选择最佳的特征子集，最终得出 57 个特征作为随机森林模型的输入建立 siRNA 效率预测模型，其中包含 9 个二模模序和三模模序的位置编码特征。值得注意的是，Argonaute 蛋白的绑定点——siRNA 序列中第 19 位的三模模序序列也被包含在这 9 个二模模序和三模模序的位置编码特征中，并且，在高效 siRNA 中第 19 位的三模模序序列中，'CUG'频率最高。接下来需要有进一步的实验验证是否 Argonaute 蛋白倾向于绑定 siRNA 第 19 位中具有特定碱基的三模模序。最后，作者将这 57 维筛选后特征作为输入，建立基于随机森林的 siRNA 沉默效率预测模型，据此开发 siRNA 效率沉默在线预测平台——siRNApred。通过两个实验与其他算法进行对比，结果显示 siRNApred 优于现有主流的基于规则和基于机器学习的 siRNA 设计方法。

第 7 章 基于卷积神经网络的 siRNA 沉默效率预测算法

本章将介绍本书提出的基于卷积神经网络的 siRNA 沉默效率预测算法。Huesken 曾经提出一种基于人工神经网络的 siRNA 沉默效率预测算法。首先将 siRNA 序列上的 21 个碱基编码成一维向量的形式，如 A = ⟨1, 0, 0, 0⟩、U = ⟨0, 1, 0, 0⟩、G = ⟨0, 0, 1, 0⟩、C = ⟨0, 0, 0, 1⟩，然后将 84 维（21×4）向量作为神经网络的输入建立 siRNA 沉默效率预测模型。这种方法并非直接根据输入向量进行预测，而是利用经大样本训练的网络权值对输入向量进一步抽象，形成更紧凑更利于分类的特征模式实现预测。这种由预测模型自主学习的特征，由数据主导特征的生成规则，无需人工参与特征设计，能够获得更符合客观规律的 siRNA 表征模式。但该方法只考虑 siRNA 序列上单碱基对 siRNA 沉默效率的影响，没有考虑模序对沉默效率的贡献。根据第 2 章的结果可知，siRNA 序列上特定位置二模模序和三模模序与 siRNA 沉默效率密切相关。由于现有人工编码方式只反映模序的碱基组合信息，不能充分体现其对 siRNA 沉默效率的贡献，因此本书采用具备局部特征搜索能力的卷积神经网络构造模序探测器，以数据驱动方式探索 siRNA 序列多模模序与沉默效率的关系，从而建立 siRNA 沉默效率预测模型。

7.1 卷积神经网络概述

1962 年，Hubel 和 Wiesel 通过研究猫视觉皮层细胞，发现两种重要细胞存在于视觉皮层中：简单细胞和复杂细胞。简单细胞通常只对图像边缘做回应，复杂细胞的感受野比简单细胞的大，能够准确定位到对图像中产生刺激图案的空间位置。这种工作方式可以表述为先通过像素级别信息对图像边缘进行识别，再将以上信息与位置信息结合得到详细图案，最后将所有图案信息整合为图像模型，进而完成识别过程。卷积神经网络（convolutional neural network，CNN）的出现就是受到这种生物视觉系统的启发，其定义的卷积层和池化层这两种结构特殊的隐藏层就是模拟这两种细胞的功能。

卷积神经网络属于前馈神经网络，它的人工神经元可以响应一部分覆盖范围内的周围单元，最初用于手写数字识别，通过卷积核自动学习图像边缘及曲线等。由于该网络避免了对输入信号的预处理，可以直接对原始输入进行全新特征形式的学习,因而在众多模式分类领域得到广泛的应用,并在预测 DNA 与 RNA 蛋白结合位点等生物信息学领域已有初步尝试。

7.1.1　卷积神经网络的结构及特点

由于卷积神经网络属于前馈神经网络,其网络结构和训练方法均是反向传播(back propagation,BP)神经网络的发展,因此本章将首先介绍 BP 神经网络,并在此基础上进一步介绍卷积神经网络的结构和训练过程。

BP 神经网络的主要结构包括输入层、隐藏层和输出层,其中隐藏层可以有多个。如图 7.1 是一个包含一层隐藏层的 BP 神经网络图。

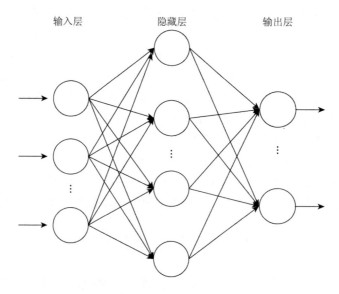

图 7.1　BP 神经网络图

图 7.1 中所有的输入层单元和所有的隐藏层单元之间都有连接,这种结构在 BP 神经网络中称为全连接层。为了将上一层的信息映射到下一层,所有的连接都对应一个权重系数 w 及一个偏置 b。权重系数代表了针对某结点输入数据对输出数据的影响程度;偏置代表了为激活神经元给予其一定程度的刺激,所有神经元的权重系数 w 和偏置 b 共同构成了 BP 神经网络的网络权值。由此可以看出,隐藏层中每一个神经元的取值是由上一层次所有神经元取值经过加权和激活映射产生的,因此,可以把较高层次的隐藏层代表的向量,视为低层向量的抽象特征;低层向量向高层神经元的映射过程则可视为对低层向量提取特征的过程。而 BP 神

经网络通过由训练数据修正的网络权值和全连接网络结构,逐层抽象化输入向量的信息,因此具备对原始输入数据自主学习特征的能力。

不同于 BP 神经网络的全连接隐藏层,卷积神经网络主要包括输入层、卷积层、池化层和输出层,其中的卷积层和池化层同样起着对低层神经元数据特征学习的作用,但卷积层只与前一层局部神经元连接,通过卷积运算提取低层信号的局部特征,卷积结果将按该局部神经元区域的相对位置排放,保留这些局部特征之间的相对位置;池化层则是对所有卷积结果进行降维,选取最具代表性的卷积结果,忽略无信息量的中间结果。卷积神经网络中可以含有多个卷积层和池化层,图 7.2 显示一个包含两个卷积层和池化层的卷积神经网络。

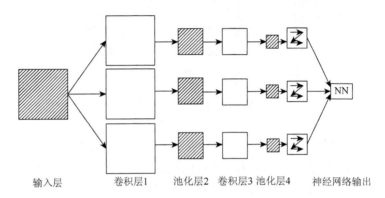

图 7.2 卷积神经网络结构图

相对于其他神经网络结构,卷积神经网络结构有两个特点——局部连接与权值共享。局部连接是指卷积操作中,每个卷积层结点只连接低层部分神经元,这些局部连接形成的权值集合称为卷积核。权值共享则是指由单个卷积核通过卷积操作生成的卷积结果之间,共享同样的卷积核权值。卷积神经网络的这两个特性,使得卷积神经网络比全连接的 BP 神经网络的网络权值大幅减少,可避免 BP 神经网络因网络权值过多导致训练困难的问题;并且能够根据局部连接探测特定位置的局部特征,具有更强大的特征学习能力。

7.1.2 卷积神经网络的前向过程

卷积神经网络的特征学习能力主要来自卷积操作,它通过定义多个卷积核,在卷积层对输入信号与卷积核领域进行乘积加权,获得卷积结果之后,通过适当的激活函数得到输入信号的抽象化特征。卷积神经网络使用二维卷积运算,令 $g(x,y)$ 表示连接卷积层的输入神经元,$k(x,y)$ 为 $M \times N$ 大小的卷积核,则卷积层的前向计算过程可表示如下:

$$g(x,y) \otimes k(x,y) = \sum_{m=0}^{M-1}\sum_{n=0}^{N-1} g(m,n)k(x-m,y-n) \quad (7.1)$$

$$y_{x,y}^l = f[\text{net}^l(x,y)] \quad (7.2)$$

式中，$\text{net}^l(x,y)$ 指第 l 个卷积层 (x,y) 位置的卷积结果；y_n^{l-1} 则是该卷积层 (x,y) 位置的激活值。该卷积过程示意图如图 7.3 所示。

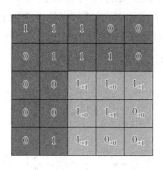

图 7.3　卷积运算示意图

根据卷积运算的定义，若卷积神经网络的输入为 $a \times a$ 的矩阵，卷积层使用尺寸为 $b \times b$ 的卷积核执行卷积操作，并且卷积操作的移动步长为 1，卷积后将生成 $(a-b+1) \times (a-b+1)$ 矩阵。此时，该输入层与卷积层间连接数为 $b \times b \times (a-b+1) \times (a-b+1)$。而在 BP 神经网络里，具有同样神经元数目的输入层和隐藏层间，全连接方式需要的连接权值数为 $a \times a \times (a-b+1) \times (a-b+1)$。由于卷积神经网络的连接方式为局部连接，即卷积核的尺寸 $b \times b$ 应小于输入信号的尺寸 $a \times a$，从而卷积神经网络相比同样规模的 BP 神经网络权值大幅减少，使得模型训练的计算复杂度大大降低，训练难度得到简化，有助于提高模型性能。

卷积神经网络的池化层则是对同一个卷积层的计算结果进行下采样。它利用固定大小的滑动窗口对所有卷积结果进行遍历，计算窗口内卷积结果的最大值或是平均值。池化层的前向计算过程如下：

$$\text{net}_m^l = \beta_m^l \text{Sample}(y_n^{l-1}) + b_m^l \quad (7.3)$$

$$y_m^l = f(\text{net}_m^l) \quad (7.4)$$

式中，β_m^l 是第 l 个池化层中第 m 个结点的采样系数；$\text{Sample}(\cdot)$ 指下采样函数，可以为最大值采样也可以为均值采样。该层中，可训练的参数包括采样系数 β_m^l 和偏置 b_m^l。池化层的目的是对卷积层提取的特征进行降维，忽略部分不相关细节，减小噪声对特征学习的干扰。卷积神经网络可设置多个交替的卷积层和池化层，深度学习输入信号的潜在特征模式。最后一层的网络结构可使用全连接层，依据多次卷积运算提取的模式实现分类或回归。

在神经网络模型的建立过程中,需要使用激活函数对各层神经元输出进行非线性映射,以增强特征的描述能力。由于大部分样本均不是线性可分的数据,在特征提取过程中加入非线性因素,可以得到更准确刻画样本间非线性分布的特征表示,因此,激活函数是神经网络的重要环节。由于神经网络的权值修正量依靠不断迭代和求导产生,激活函数还应具备处处可微的性质。常用的激活函数包含以下 4 种:

1. sigmoid 函数(也称为 S 曲线)

$$f(x) = \frac{1}{1+e^{-\alpha x}} \quad (7.5)$$

式中,$0 < f(x) < 1$。

sigmoid 函数的导函数为

$$f'(x) = \frac{\alpha e^{-\alpha x}}{(1+e^{-\alpha x})^2} = \alpha f(x)[1-f(x)] \quad (7.6)$$

2. tanh 函数

$$f(x) = \tanh(x) = \frac{e^x - e^{-x}}{e^x + e^{-x}} \quad (7.7)$$

式中,$-1 < f(x) < 1$。

tanh 函数的导数为

$$\tanh'(s) = 1 - \tanh^2(s) \quad (7.8)$$

3. ReLU 函数

$$f(x) = \max(0, x) = \begin{cases} 0, x < 0 \\ x, x \geq 0 \end{cases} \quad (7.9)$$

ReLU 函数的导数为

$$f'(x) = \begin{cases} 0, x < 0 \\ 1, x \geq 0 \end{cases} \quad (7.10)$$

4. softmax 函数

$$f(x) = \log[1 + \exp(x)] \quad (7.11)$$

softmax 函数的导数为

$$f'(x) = \frac{1}{1+e^{-x}} \quad (7.12)$$

以上激活函数中,tanh 函数对区分度较大的输入向量效果明显,在迭代过程中会将数据中的辨别能力不断扩大；而对于特征集中在局部区域或区分度不大的样本，sigmoid 函数效果相对更好。tanh 函数和 sigmoid 函数的输入需要归一化，目的是防止激活后的值进入平坦区，使得隐藏层的输出全部趋同，避免提取特征的判别能力被削弱；ReLU 函数的输入不需要归一化，它的核心思想是尝试用更稀疏的模式表征输入数据，因此需要保留有意义的神经元原始数据，并把不相关神经元置为 0，以增加提取特征的稀疏性。softmax 函数是 sigmoid 函数的推广，用于多分类问题中向输出层提供输出结果，它能够将隐藏层神经元取值映射为激活概率，从而输出层根据激活概率判定样本的类别标签。

7.1.3 卷积神经网络的权值修正

1986 年，Rumelhart 提出了反向传播算法（BP 算法），该算法通过计算网络输出层的实际结果与预期结果的误差，从输出层逐层调整网络连接的权重系数和偏置参数，从而对网络进行训练。卷积神经网络与传统神经网络相同，本质是求得目标函数最优解，因此采用基于梯度下降的反向传播算法进行模型训练，求出目标函数对于可训练参数的偏导数。

卷积层中，卷积核的权值和对应的偏置是需要训练的两类参数。目标函数对卷积核权值和偏置求导公式如下：

$$
\begin{aligned}
\frac{\partial J}{\partial b_m^l} &= \sum_{r \in R_m^l} \frac{\partial J}{\partial y_r^l} \frac{\partial y_r^l}{\partial \text{net}_r^l} \frac{\partial \text{net}_r^l}{\partial b_m^l} \\
&= \sum_{r \in R_m^l} \sum_{i=1}^{N^{l+1}} \frac{\partial J}{\partial \text{net}_i^{l+1}} \frac{\partial \text{net}_i^{l+1}}{\partial y_r^l} f'(\text{net}_r^l)
\end{aligned}
\quad (7.13)
$$

$$
\begin{aligned}
\frac{\partial J}{\partial k_{mn}^l} &= \sum_{r \in R_m^l} \frac{\partial J}{\partial y_r^l} \frac{\partial y_r^l}{\partial \text{net}_r^l} \frac{\partial \text{net}_r^l}{\partial k_{mn}^l} \\
&= \sum_{(r,s) \in S_{mn}^l} \sum_{i=1}^{N^{l+1}} \frac{\partial J}{\partial \text{net}_i^{l+1}} \frac{\partial \text{net}_i^{l+1}}{\partial y_r^l} f'(\text{net}_r^l) y_s^{l-1}
\end{aligned}
\quad (7.14)
$$

式中，J 指神经网络的误差函数；R_m^l 指第 l 个卷积层中，b_m^l 参与计算的所有输出特征图区域；S_{mn}^l 指第 l 个卷积层中，k_{mn}^l 参与计算的所有输入输出结点对组成的集合。

由于卷积神经网络中，卷积层的下一层多是池化层，式（7.13）和式（7.14）可以推导为

$$
\frac{\partial J}{\partial b_m^l} = \sum_{r \in R_m^l} \delta_r^{l+1} \beta_r^{l+1} \text{Sample}'(y_r^l) f'(\text{net}_r^l) \quad (7.15)
$$

$$\frac{\partial J}{\partial k_{mn}^l} = \sum_{(r,s) \in S_m^l} \delta_r^{l+1} \beta_r^{l+1} \text{Sample}'(y_r^l) f'(\text{net}_r^l) y_s^{l-1} \qquad (7.16)$$

式中，$\text{Sample}'(\cdot)$ 代表采样结果对被采样结点求导，假设是最大值采样，那么最大的值对应导数为 1，其余的值对应导数为 0；δ_m^l 是第 l 个隐藏层中第 m 个结点的学习率。如果卷积层下一层为全连接层，则：

$$\frac{\partial J}{\partial b_m^l} = \sum_{r \in R_m^l} \sum_{i=1}^{N^{l+1}} \delta_i^{l+1} w_{ir}^{l+1} f'(\text{net}_r^l) \qquad (7.17)$$

$$\frac{\partial J}{\partial k_{mn}^l} = \sum_{(r,s) \in S_m^l} \sum_{i=1}^{N^{l+1}} \delta_i^{l+1} w_{ir}^{l+1} f'(\text{net}_r^l) y_s^{l-1} \qquad (7.18)$$

池化层中，下采样系数和对应偏置是两类需要训练的参数。池化层中，由于偏置 b 的系数为 1，因此与卷积层类似，可得

$$\begin{aligned}\frac{\partial J}{\partial b_m^l} &= \sum_{t \in T_m^l} \frac{\partial J}{\partial y_t^l} \frac{\partial y_t^l}{\partial \text{net}_t^l} \frac{\partial \text{net}_t^l}{\partial b_m^l} \\ &= \sum_{r \in R_m^l} \sum_{i=1}^{N^{l+1}} \frac{\partial J}{\partial \text{net}_i^{l+1}} \frac{\partial \text{net}_i^{l+1}}{\partial y_r^l} f'(\text{net}_r^l)\end{aligned} \qquad (7.19)$$

$$\begin{aligned}\frac{\partial J}{\partial \beta_m^l} &= \sum_{t \in T_m^l} \frac{\partial J}{\partial y_t^l} \frac{\partial y_t^l}{\partial \text{net}_t^l} \frac{\partial \text{net}_t^l}{\partial w_{mn}^l} \\ &= \sum_{t \in T_m^l} \sum_{i=1}^{N^{l+1}} \frac{\partial J}{\partial \text{net}_i^{l+1}} \frac{\partial \text{net}_i^{l+1}}{\partial y_t^l} f'(\text{net}_t^l) \text{Sample}'(y_t^{l-1})\end{aligned} \qquad (7.20)$$

式中，T_m^l 指第 l 个池化层中，b_m^l 参与计算的所有输出特征图区域。

如果池化层之后再接着一个卷积层，可得

$$\frac{\partial J}{\partial b_m^l} = \sum_{t \in T_m^l} \sum_{u \in U_t^{l+1}} (\delta_u^{l+1} w_{ut}^{l+1}) f'(\text{net}_t^l) \qquad (7.21)$$

$$\frac{\partial J}{\partial \beta_m^l} = \sum_{t \in T_m^l} \sum_{u \in U_t^{l+1}} (\delta_u^{l+1} k_{ut}^{l+1}) f'(\text{net}_t^l) \text{Sample}'(y_t^{l-1}) \qquad (7.22)$$

使用基于梯度下降的反向传播算法可修正各类模型参数，并通过选择适合的学习率和学习方法，实现整个卷积神经网络的模型训练。

7.2 基于卷积神经网络的 siRNA 沉默效率预测模型

7.2.1 基于卷积神经网络的 siRNA 沉默效率预测模型结构

研究表明，由于 siRNA 序列信息决定 siRNA 生物功能，与其沉默效率紧密相

关，因此 siRNA 序列特征被广泛应用于 siRNA 沉默效率预测。现有的 siRNA 序列特征主要集中在碱基编码和模序频率等，这些方式主要从量化 siRNA 序列出发，依赖专家知识制定编码规则。然而这些编码规则往往只能体现 siRNA 序列的部分属性。例如，碱基编码体现 siRNA 序列上各碱基排列的位置顺序，模序频率体现二模模序和三模模序的出现频次等，本书第 6 章提出二模模序和三模模序位置编码表征多模模序位置信息等，但是，如何抽取 siRNA 序列蕴含的多方面性质及对 siRNA 沉默效率的贡献，仍需要进一步研究。

由于人工设计特征编码模式受限于专家知识，通过数据驱动的特征学习方式挖掘潜在的特征模式，已在许多模式分类领域广泛应用。卷积神经网络作为典型的深度学习架构，能够自主学习输入信号的特征，并且能探测特定区域的局部特征，对挖掘 siRNA 序列特征尤为适用。首先，siRNA 上的序列集中在局部的碱基和多模模序上，适配卷积神经网络的局部特征搜寻能力；并且，出现在特定位置的碱基和多模模序对 siRNA 沉默效率具有不同的意义，卷积神经网络对输入信号不同区域采用不同卷积核运算，适用于探测 siRNA 序列不同位置局部特征的辨别能力；因此，本书将尝试构造卷积神经网络模型，对 siRNA 序列自主学习特征模式并实现 siRNA 沉默效率预测。

综合考虑 siRNA 数据集中样本规模和计算复杂度，本书建立的基于卷积神经网络的 siRNA 沉默效率预测模型结构共包含三层计算层：卷积层、池化层和输出层。基于卷积神经网络的 siRNA 沉默效率预测模型结构如图 7.4 所示。

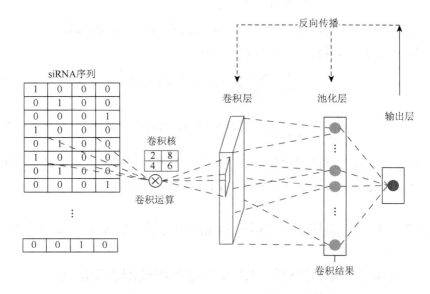

图 7.4　基于卷积神经网络的 siRNA 沉默效率预测模型结构

在该结构的卷积层中,卷积核作为模序探测器探寻 siRNA 序列中对 siRNA 沉默效率有意义的模序,通过设置不同尺寸的卷积核检测各种长度模序的贡献度;卷积运算中卷积核可视为对多模模序的组成和所在位置的特征映射权值,卷积结果则为相应模序的特征编码。不同于现有的序列编码规则由专家知识预先指定,卷积核权值由大样本数据训练产生,其计算所得的特征模式更具可用性、导向性和信息量。采样层对卷积层输出进行降维操作,选取每个卷积核提取的碱基和所有多模模序中最具代表性的特征模式作为 siRNA 特征表示。最终输出层设置合理的激活函数实现 siRNA 沉默效率的预测。

卷积神经网络中,过多的中间层将带来大量模型权值,进而需要大量的训练样本充分训练模型,本书使用的 siRNA 数据集包含 4067 个样本,难以支持较多隐藏层的神经网络训练。本书设计卷积神经网络的目的是探测多模模序的贡献度,因此将 siRNA 序列转化为 21×4 维矩阵作为卷积层的输入,将卷积核的尺寸设置为 $m \times 4$,利用卷积运算实现多模模序探测,该运算的结果为一维向量,不适宜继续增加卷积层和池化层。因此,本书设计的卷积神经网络只包含一个卷积层和一个池化层。

7.2.2 适用于卷积神经网络的 siRNA 序列编码

卷积神经网络的卷积操作利用二维卷积核,因此首先需要对一维的 siRNA 序列进行简单编码,将每一条 siRNA 序列形成量化的二维矩阵作为卷积神经网络的输入。本章选择将 siRNA 序列中每个碱基进行二进制编码。由于存在 4 种碱基,可以设置四维的二进制向量表示一个碱基,如 A = $\langle 1,0,0,0 \rangle$、U = $\langle 0,1,0,0 \rangle$、G = $\langle 0,0,1,0 \rangle$、C = $\langle 0,0,0,1 \rangle$。根据此规则,长度为 21nt 的 siRNA 序列将转化为 84 维矩阵,适应卷积神经网络的卷积运算。令 siRNA 序列为 $S = (s_1, s_2, \cdots, s_n)$,其中的每个碱基按照上述二进制形式表示,序列 s 则可转化为 21×4 维矩阵。例如,S = CUAAUAUGUUAAUUGAUUUAT,经过上述编码规则表示为

$$S = \begin{bmatrix} 0 & 0 & 1 & 1 & 0 & 1 & 0 & 0 & 0 & 0 & 1 & 1 & 0 & 0 & 0 & 1 & 0 & 0 & 0 & 1 & 0 \\ 0 & 1 & 0 & 0 & 1 & 0 & 1 & 0 & 1 & 1 & 0 & 0 & 1 & 1 & 0 & 0 & 1 & 1 & 1 & 0 & 1 \\ 0 & 0 & 0 & 0 & 0 & 0 & 0 & 1 & 0 & 0 & 0 & 0 & 0 & 0 & 1 & 0 & 0 & 0 & 0 & 0 & 0 \\ 1 & 0 & 0 & 0 & 0 & 0 & 0 & 0 & 0 & 0 & 0 & 0 & 0 & 0 & 0 & 0 & 0 & 0 & 0 & 0 & 0 \end{bmatrix}^T$$

7.2.3 多模模序探测器的设计

鉴于卷积运算能够探测特定位置的局部特征,本小节将针对 siRNA 序列编码

设计不同尺寸的卷积核，探测 siRNA 序列中不同长度模序蕴含的潜在特征模式。在离散卷积操作中，卷积核为 $m\times n$ 的矩阵，其尺寸决定了卷积层与输入层之间局部连接的范围，卷积核的元素即为模型权值。在卷积神经网络训练阶段，大规模训练样本将通过反向传播算法修正卷积核权值，保证卷积核提取有效的特征模式进行预测。

根据 7.2.2 小节定义的 siRNA 序列编码，每一个长度为 21 模的 siRNA 序列将转化为 21×4 的二维矩阵，且每一个碱基由四维二进制码表示，而卷积操作要求卷积核尺寸不能大于输入信号的尺寸，因此，本书将采用尺寸 $m\times 4$ 的卷积核作为模序探测器。其中，m 表示该模序探测器的目标模序长度，其值可取 $2\sim 20$，代表探测二模模序及多模模序形成的局部特征，以及整个 siRNA 序列代表的全局特征。

利用 $m\times 4$ 的卷积核 M 与 siRNA 序列 S 进行卷积运算，卷积层神经元 x_k 的取值为

$$x_k = \sum_{j=1}^{m}\sum_{i=1}^{4} \delta_k S_{k+j-1,i} M_{ji} \tag{7.23}$$

式中，$1\leqslant k\leqslant 21-m$，$\delta_k$ 为权值修正的学习率。

由于一个 siRNA 序列由多个不同长度的模序组成，因此在探测不同尺寸模序特征时，可为每种尺寸设置多个卷积核，来检测这些模序对 siRNA 沉默效率的贡献。而每个卷积核需要在整个 siRNA 序列上进行模序探测，因此每次卷积运算结束将可获得尺寸为 $(21-m+1)\times(4-4+1)$ 的卷积结果，也即 $22-m$ 的一维向量表征本次探测的模序特征模式。

卷积结果需要经过激活函数的非线性映射，以增加预测模型中的非线性因素。经过对比实验（详情参见 7.3.2 小节），设置卷积层的激活函数为 ReLU 函数。相比其他激活函数，ReLU 函数具有梯度下降小、收敛速度快的优点。每次卷积操作产生的输出 y 为

$$y_k = \max(0, x_k) \tag{7.24}$$

卷积层的输出 y 将作为池化层的输入。池化的目的是选取最具代表性的卷积结果，作为本次模序探测的特征表示。池化操作可以去除卷积结果中不相关分量，突出具有判别能力的信息。为了保留卷积结果中最突出的局部特征表示及整体信息，作者采用最大值算子和均值算子实现池化操作。每个卷积核的卷积结果经过以下池化操作，可得到二元组 $(y_{\max}, y_{\text{avg}})$ 表征当前模序探测的特征向量。

$$y_{\max} = \max(y_1, \cdots, y_k) \tag{7.25}$$

$$y_{\text{avg}} = \text{avg}(y_1, \cdots, y_k) \tag{7.26}$$

由于需要设计多个不同尺寸的卷积核，检测不同尺寸模序对 siRNA 沉默效率

的贡献,本书的卷积神经网络将输出多组二元组构成的特征向量,供输出层进行回归预测。

7.2.4 建立逻辑回归预测 siRNA 的沉默效率

对池化层的输出执行激活函数的非线性映射后,可连接至输出层进行预测。由于定量的 siRNA 沉默效率预测问题是一个回归问题,因此输出层只设置一个神经元。池化层将卷积结果转化成一系列二元组,这些二元组组成的向量即为卷积神经网络学习得到的 siRNA 序列特征模式,本书选择对特征模式执行逻辑回归实现预测。逻辑回归结构就是将池化层的神经元与连接权值 w_i 执行线性加权,然后经过 sigmoid 函数映射到输出值。sigmoid 函数的取值曲线如图 7.5 所示。

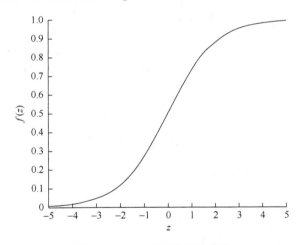

图 7.5 sigmoid 函数取值曲线

sigmoid 函数能够将取值范围在 $[-\infty,+\infty]$ 的输入值映射到 $[0,1]$ 范围的输出值,符合 siRNA 沉默效率的定义范围。并且 sigmoid 函数中央区的增益较大,两侧区域增益较小,适合消去特征分量中奇异点带来的误差。输出层的计算式如下:

$$\text{efficacy} = \text{sigmoid}\left(\sum_{i=1}^{n} w_i h_i\right) \tag{7.27}$$

式中,h_i 为池化层输出值,w_i 为连接权值。

7.2.5 基于卷积神经网络的 siRNA 沉默效率预测模型训练过程

卷积神经网络通过反向传播算法计算梯度,本小节将根据输出层的损失函数近似最小化原则估计误差值,迭代修正卷积层的卷积核权值和输出层的权重梯度。

记当前输出值与标签的误差为 Δf，考虑输出层激活函数为 sigmoid 函数，7.2.4 小节介绍的 n 维池化层连接权值 w_i 梯度向量 Δw 为

$$\Delta w_j = \Delta h_j h_j (1-h_j) w \quad (1 \leq j \leq n) \tag{7.28}$$

$$\Delta w_{n+1} = \Delta f$$

池化层采用最大值算子和均值算子，不存在模型参数，因此在反向传播阶段需要单独计算最大值连接的反馈量如下：

$$\Delta y_k = \begin{cases} \Delta w_{2k+1} + \dfrac{\Delta w_{2k}}{22-m} & \text{if } i = \operatorname{argmax}(y_1, \cdots, y_k) \\ 0 \quad \dfrac{\Delta w_{2k}}{22-m} & \text{otherwise} \end{cases} \tag{7.29}$$

式(7.29)对池化层中每一组卷积结果中最大值连接单独计算其反馈量 Δw_{2k+1}，并对所有卷积结果连接计算自输出层传播的反馈量 $\dfrac{\Delta w_{2k}}{22-m}$。

卷积层是前向传播的第一层，同时也是反向传播的最后一层，根据自池化层传播的反馈量修正卷积核权值。由于卷积层的激活函数为 ReLU 函数，卷积层神经元 x_k 的修正量计算式如下：

$$\Delta x_k = \begin{cases} \Delta y_k & \text{if } y_k > 0 \\ 0 & \text{otherwise} \end{cases} \tag{7.30}$$

从而得到卷积核权值的修正量计算式如下：

$$\Delta M_{k,l} = \sum_{i=1}^{22-m} S_{i+k-1,l} \Delta x_i \tag{7.31}$$

式中，$1 \leq k \leq 22-m$，$1 \leq l \leq 4$。

7.3 基于卷积神经网络的 siRNA 沉默效率预测模型超参数设置

本书设计的卷积神经网络超参数（hyper parameter）包括卷积核尺寸、激活函数、学习率、卷积层和池化层的个数等，这些和网络结构相关的超参数决定网络结构并直接影响模型的鲁棒性。由于不存在先验知识指导超参数设置，本节将设计针对每个超参数的对比实验，观察这些参数对预测效果的影响，总结超参数设置规律。

在本节的对比实验中，将收集 2.1 小节介绍的所有在线公开的 siRNA 数据集，包括 Huesken 数据集、Reynolds 数据集、Vickers 数据集、Haborth 数据集、Takayuki 数据集、Ui-Tei 数据集及 siRNAdb 数据集，形成包含 4067 个 siRNA 样本的大规

模实验数据库,并采用十折交叉验证(10-fold cross-validation)进行超参数设置实验,即每个实验均执行 10 次,每次实验中随机抽取实验数据库中 407 个 siRNA 样本作为测试集,剩余的 3660 个 siRNA 样本将作为训练集参与模型训练。对预测模型的评价指标选用描述预测值和实际值之间相关性的 PCC 及全面评价模型区分高效 siRNA 和低效 siRNA 能力的 AUC。

7.3.1 卷积核尺寸参数对预测结果的影响

本实验通过选取不同尺寸卷积核学习不同长度多模模序对 siRNA 沉默效率预测的特征表示。由于 siRNA 序列长度为 21nt,因此共存在长度为 2~20 的 19 种多模模序,因此本实验中分别采用不同尺寸的卷积核对 siRNA 序列进行多模模序特征学习,既考察本书提出的卷积神经网络学习序列特征提取的有效性,又检验各长度多模模序对 siRNA 沉默效率预测的贡献。由于不同长度的 m 模模序在 21 模长度的 siRNA 序列上相应地存在 $21-m+1$ 个 m 模模序位置。因此在该实验中,为不同的 m 取值分别建立 $m\times 4$ 尺寸卷积核的卷积神经网络,并且 $2\leqslant m\leqslant 20$,则共建立了 19 个用于实验的卷积神经网络。在相应的卷积神经网络里,分别运用这 $21-m+1$ 个卷积核作为模序探测器学习多模模序的特征模式。这些卷积神经网络的实验结果如图 7.6 所示。

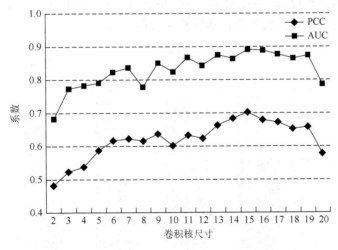

图 7.6 卷积核尺寸参数对预测结果的影响

由图 7.6 可以看出,卷积核尺寸将同步影响预测结果的 PCC 值和 AUC 值。随着 m 取值逐渐增大,相应的卷积神经网络预测的 PCC 值和 AUC 值也逐渐增大,当 $m=15$ 时,PCC 值和 AUC 值达到最高。这说明本书提出的卷积核作为模序探测器能够从 siRNA 序列中学习到有效的 siRNA 序列特征模式。而尺寸较小的卷积核只能探测低模模序相关的信息，忽略了高模模序的贡献和 siRNA 序列整体的全局特征。当采用较大的卷积核可涵盖的多模模序信息逐渐增多，预测性能也随之提高。若继续使用过大的卷积核，整个卷积神经网络将更注重探测高模模序的特征表达，忽略了局部意义的单碱基信息和低模模序的贡献，导致预测性能有所下降。由此可知，合理的卷积核尺寸选择直接影响 siRNA 序列中有效的模序特征模式学习。作者后续的实验将综合本实验中，预测结果 PCC 值达到 0.6 以上的卷积核尺寸作为模序探测器，确保学习到的特征模式能具备足够的判别能力。

7.3.2 激活函数对预测结果的影响

本实验通过选取不同的激活函数进行对比，了解不同激活函数对实验结果的影响。由于激活函数影响输入信号映射到特征空间的合理性和可区分度，本小节将考察各网络层次中使用不同激活带来的预测效果。作者提出的卷积神经网络模型在卷积层激活卷积结果和输出层输出预测结果处涉及两处激活函数。卷积层常用的激活函数包括 tanh 函数、sigmoid 函数和 ReLU 函数，考虑到 tanh 函数更适用于特征值之间差别较大的情况，不利于本卷积神经网络对模序局部细微特征的探测，本实验只在卷积层尝试 sigmoid 函数和 ReLU 函数两种激活函数；而输出层适用的激活函数包括 sigmoid 函数和 ReLU 函数，因此我们尝试在卷积层和输出层设置不同的激活函数组合，实验结果如图 7.7 所示。

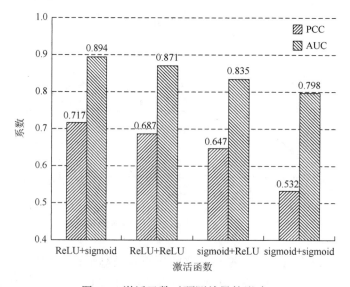

图 7.7　激活函数对预测结果的影响

由图 7.7 可看出，激活函数的选择对预测效果有相当程度的影响。效果最好的组合是卷积层激活函数为 ReLU 函数，且输出层激活函数为 sigmoid 函数。ReLU 函数尝试向卷积核提取的特征表示中增加稀疏性，能够提高卷积结果中非零神经元蕴含的信息量，再配合池化操作去除卷积结果中取值为零的神经元输出，可保证模序探测器获取最具判别力的多模模序特征模式。因此，ReLU 函数比 sigmoid 函数更适用于卷积层。而在输出层，sigmoid 函数能够综合各特征分量的贡献，并映射至[0,1]区间的预测值，符合 siRNA 沉默效率预测的要求。而 ReLU 函数有的输出范围在[0,+∞)，作为输出层的激活函数并不合适。

7.3.3 学习率对预测结果的影响

在卷积神经网络的训练过程中，设置控制修正权值速率的系数，称为学习率。学习率的取值将影响网络权值能不能收敛于最优网络参数。对于不同的输入信号，适配的学习率需要通过实验调校。太大的学习率将导致网络训练错过最优网络参数，陷入局部极值；而太小的学习率会引发收敛速度慢，并对误差修正量的变化不敏感等不利因素。本实验选取不同的学习率进行对比实验，设置训练终止条件为迭代次数达到 1000 或误差量小于 0.001，以此观测不同学习率对实验结果的影响。本书收集卷积神经网络相关文献中，对学习率的取值作为本书预测模型学习率的候选集，并据此进行对比实验，分析学习率取值对预测结果的影响，实验结果如图 7.8 所示。

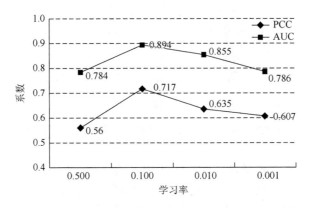

图 7.8 学习率对预测结果的影响

从图 7.8 可以看出，实验比对的 4 种学习率取值中，学习率取 0.100 获得的预测效果最优。而当学习率取 0.500 时，相应的 PCC 值和 AUC 值最低，说明此时网络训练已错过最佳权值，陷入局部极值中；而学习率取更小的 0.010 和 0.001

时，PCC 值和 AUC 值相对较低，说明在 1000 次的迭代训练中，权值修正的收敛速度较慢，尚未获取最佳权值。综合考虑训练时间和预测效果，本书卷积神经网络模型设定学习率为 0.100。

7.4 与其他机器学习模型的比较

根据以上实验结果，本书构造的卷积神经网络模型将使用大小为（6×4）～（19×4）共 14 种尺寸的卷积核，探测多模模序的潜在特征模式，并设置卷积层激活函数为 ReLU 函数、输出层激活函数为 sigmoid 函数，学习率为 0.100。本书将该模型与其他机器学习模型进行对比实验，这些模型包括采用随机森林的 siRNApred 方法、采用神经网络的 Biopredsi 方法和采用线性回归的 DSIR 方法，这 4 种方法的 PCC 值和 AUC 值组合如图 7.9 所示。

图 7.9 显示本方法的 PCC 达 0.717，分别高于 Biopredsi、DSIR 及 siRNApred 方法 13.81%、16.78% 和 5.91%，说明本书设计的卷积神经网络模型能够学习有效的多模模序潜在特征模式，该特征提取的映射权值完全由数据训练产生，能更充分体现 siRNA 序列属性，因此获得了更好的预测效果。

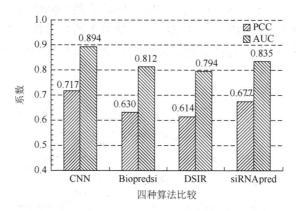

图 7.9　本书方法与其他机器学习方法的性能比较

图 7.9 显示，本方法的 AUC 值为 0.894，高于 Biopredsi、DSIR 及 siRNApred 模型 10.10%、12.59% 和 7.07%，说明本方法对预测 siRNA 沉默效率具有更大优势。综合这两个指标可以看出，本方法比其他机器学习方法更为稳定和有效，这得益于本方法深入挖据 siRNA 序列中不同长度模序对 siRNA 沉默效率的贡献，更充分地将 siRNA 序列的局部特性、碱基和模序组成、位置排列等有价值线索蕴含于特征模式中。这种由数据驱动的特征学习模式比依赖专家知识预设的特征提取模式性能更优。

现有的 siRNA 序列特征提取方法只注重单碱基编码和低模模序的组成属性，这些依赖专家知识的特征模式未充分体现多模模序对 siRNA 沉默效率的贡献。本章提出基于卷积神经网络的 siRNA 效率预测模型，利用不同尺寸的卷积核探测多模模序对 siRNA 沉默效率的潜在特征模式，以数据驱动方式自动学习特征映射的权值。实验结果显示，该方法能够更充分体现 siRNA 序列属性，自主学习表达各长度模序对 siRNA 效率预测的贡献，从而获得比其他机器学习方法更优的预测结果。

第 8 章　结论与展望

在 21 世纪已经过去的 17 年中，人类基因组工程、DNA 元件百科全书计划等一系列与遗传信息研究紧密相关的国际合作项目成功开展，这些项目的研究成果均表明生命的遗传密码由蛋白质编码基因和具有复杂调控功能的非编码基因共同组成。非编码基因在转录调控、表观遗传调控、细胞周期调控和细胞分化调控等众多生命活动中均具有重要作用，与复杂疾病发生、发展密切相关。蛋白质编码基因是物种存续不可或缺的原材料，但非编码基因却以较低的转录水平引导生命的发展方向。非编码基因的鉴定及功能注释是当前遗传信息研究领域的热点问题。

广泛存在于公开数据库和零散文献中的海量生物芯片数据是认知生物遗传信息的"知识宝库"。这些数据由于实验背景差异，通常情况下不具有可比性；同时也因为缺乏可靠的数理分析工具，大多数据只是经过简单的统计即被搁置一旁。随着信息技术的飞速发展及各学科基本理论和技术的不断进步与相互渗透，以数理模型作为理论基础，以计算方法作为技术手段，开展生物学相关问题研究的生物信息学逐渐兴起，为挖掘生物数据所包含的有价值、却不显而易见的信息带来可能。

本书围绕非编码基因的鉴定及其功能预测方法，提出由不同的基因芯片数据驱动，借助计算方法构造生物网络，在全基因组范围预测非编码基因的功能。具体包括以下三个方面：

第一，以计算机为主要分析工具的生物信息学可为研究具体生物问题和设计生物实验提供有价值的参考信息和正确的指导，降低大规模生物实验所要消耗的人力、物力，加快问题研究的进程。在解决生物问题的同时，也丰富了算法研究的内涵，拓展了算法研究的外延，在生物和计算机两个学科均具有重要的理论意义和实用价值。未来时序生物芯片数据规模会越来越大，通过本书方法处理更为丰富多样的数据，也必将得到更为可靠的生物学证据。第二，本书所提出的网络模型和预测算法不仅可以较好地解决非编码基因的鉴定与功能注释问题，对其他领域相似数据分析也同样具有借鉴意义。第三，本书面向 siRNA 沉默效率预测，研究描述二模模序和三模模序位置信息的新特征，并联合该特征和 siRNA 序列编码、siRNA 和 mRNA 组成及热力学参数等多种特征，研究针对这些特征的特征选择算法和预测模型建模，进而开发 siRNA 沉默效率预测平台——siRNApred。同时，面向数据驱动地学习多模模序对 siRNA 沉默效率的潜在特征模式，本书提出基于卷积神经网络的 siRNA 沉默效率预测算法，设置不同尺寸的卷积核作为模序探测器，设计合理的卷积神经网络结构实现多模模序特征学习和 siRNA 沉默效率预测。

通过 siRNA 介导的 RNAi 技术在研究基因功能、基因治疗及药物研发中具有广泛应用。siRNA 沉默效率预测能够为选择靶标 mRNA 上最佳的作用位点提供依据，从而设计最为高效的潜在 siRNA，是 RNAi 实施的关键环节。本书在挖掘 siRNA 序列与沉默效率相关的特征、建立合理的机器学习模型等方面开展一系列工作，但仍许多有助于提高 siRNA 沉默效率预测精度的研究尚待进一步尝试。

在特征提取方面，可以进一步尝试从靶标 mRNA 序列、靶标 mRNA 结构、mRNA 和 siRNA 结合过程等角度挖掘有意义的特征表示。例如，设计卷积核探测 mRNA 上多模模序的贡献；研究 mRNA 结构预测方法，有效描述其与 siRNA 结合作用域的结构特点；充分抽取 mRNA 和 siRNA 结合过程的分子动力学与热力学性质等，不断丰富与 siRNA 沉默效率相关的新特征，促进 siRNA 沉默效率预测精度的提高。

在预测模型方面，可以进一步尝试深度学习技术在 siRNA 沉默效率预测问题上的应用。深度学习技术在图像识别、语音识别、自然语言处理等领域已得到广泛的应用和认可，它能够在大规模数据中自主学习有价值的新型特征模式，有望给 siRNA 沉默效率预测问题带来新突破。本书初步尝试了卷积神经网络学习 siRNA 的多模模序潜在特征，但深度学习的多种网络结构和学习能力，值得进一步深究和综合运用。随着 siRNA 序列数据规模的扩大，深度学习在 siRNA 沉默效率预测的优势将愈加明显。

在 siRNA 脱靶问题方面，可以尝试研究预测 siRNA 潜在结合的非靶标 mRNA。siRNA 脱靶问题是阻碍 siRNA 在 RNAi 实施中发挥应有作用的最大障碍。未来可以尝试在评估 siRNA 对靶标 mRNA 的沉默效率的同时，研究预测 siRNA 潜在结合的非靶标 mRNA 及其结合效率，充分评估 siRNA 对靶标 mRNA 降解的有效性。

主要参考文献

范怡敏，耿飞，吴兴中. 2004. RNAi 的机制及 RNAi 技术的应用[J]. 医学综述，10（4）：202-203.
关薇，王建，贺福初. 2006. 大规模蛋白质相互作用研究方法进展[J]. 生命科学，18（5）：507-512.
郭杏莉，高琳，陈新. 2010. 生物网络比对的模型与算法[J]. 软件学报，21（9）：2089-2106.
李梢. 2003. 复杂性疾病生物信息学研究的策略与方法[J]. 世界华人消化杂志，11（10）：1465-1469.
李霞，雷健波. 2015. 生物信息学[M]. 北京：人民卫生出版社.
刘明，刘国庆. 2005. RNA 干扰的应用及其意义[J]. 生物学通报，40（6）：1-3.
刘伟. 2009. 信号转导网络的生物信息学分析[J]. 中国科学：C 辑，38（11）：999-1006.
刘中扬. 2009. 蛋白质相互作用网络进化分析研究进展[J]. 生物化学与生物物理进展，36（1）：13-24.
聂瑞军. 2004. RNA 干扰（RNAi）及其应用[J]. 生命科学趋势，2（1）：1-6.
孙景春. 2005. 大规模蛋白质相互作用数据的分析与应用[J]. 科学通报，50（19）：6.
万春鹏，周寿然，左爱仁. 2008. RNA 干扰机制及其应用研究进展[J]. 现代生物医学进展，8（2）：372-375.
王丽娜，袁崇刚. 2007. RNAi 在药物研究中的应用[J]. 生命科学，19（5）：557-561.
遇玲，李名扬，郭余龙. 2009. RNA 干扰机理与应用[J]. 安徽农业科学，37（7）：2870-2872.
朱才，范学工，李宁，等. 2015. 以 s 区为靶位的小干扰 RNA 抗乙型肝炎病毒的实验研究[J]. 中华医学杂志，85（35）：2503-2506.
Adams M D. 2000. The genome sequence of *Drosophila melanogaster* [J]. Science，287：2185-2195.
Adie E A. 2005. Speeding disease gene discovery by sequence based candidate prioritization [J]. BMC Bioinformatics，6（1）：55.
Aerts S. 2006. Gene prioritization through genomic data fusion [J]. Nat. Biotechnol.，24（5）：537-544.
Alipanahi B，Delong A，Weirauch M T，et al. 2015. Predicting the sequence specificities of DNA-and RNA-binding proteins by deep learning [J]. Nat. Biotechnol.，33（8）：831.
Almaas E. 2007. Biological impacts and context of network theory [J]. J. Exp. Biol.，210（9）：1548-1558.
Altschul S F. 1990. Basic local alignment search tool [J]. J. Mol. Biol.，215（3）：403-410.
Amaral P P，Mattick J S. 2008. Noncoding RNA in development [J]. Mammalian Genome，19（7-8）：454-492.
Amarzguioui M，Prydz H. 2004. An algorithm for selection of functional siRNA sequences [J]. Biochemical & Biophysical Research Communications，316（4）：1050-1058.
Amdisen A，Amdisen A. 1987. Pearson's correlation coefficient, P-value, and lithium therapy [J]. Biol. Psychiatry，22（7）：926-928.
Arts G J，Langemeijer E，Tissingh R，et al. 2003. Adenoviral vectors expressing siRNAs for discovery and validation of gene function [J]. Genome Res.，13（10）：2325-2332.

Arvey A, Agius P, Noble W S, et al. 2012. Sequence and chromatin determinants of cell-type-specific transcription factor binding [J]. Genome Res., 22: 1723-1734.

Baranova A, Bode J, Manyam G, et al. 2011. An efficient algorithm for systematic analysis of nucleotide strings suitable for siRNA design [J]. BMC Res Notes, 4 (1): 168.

Barciszewski J. 2009. Rna towards medicine [J]. Springer Berlin, (3): 105-116.

Bartolomei M S, Zemel S, Tilghman S M. 1991. Parental imprinting of the mouse H19 gene [J]. Nature, 351 (6322): 153-155.

Berg J, Lässig M. 2006. Cross-species analysis of biological networks by Bayesian alignment [J]. Proc. Natl. Acad. Sci. USA, 103 (29): 10967-10972.

Bernstein E, Caudy A A, Hammond S M, et al. 2001. Role for a bidentate ribonuclease in the initiation step of RNA interference [J]. Nature, 409 (6818): 363.

Billy E, Brondani V, Zhang H, et al. 2001. Specific interference with gene expression induced by long, double-stranded RNA in mouse embryonal teratocarcinoma cell lines [J]. Proc. Natl. Acad. Sci. USA, 98 (25): 14428-14433.

Birney E, Stamatoyannopoulos J A, Dutta A, et al. 2007. Identification and analysis of functional elements in 1% of the human genome by the ENCODE pilot project [J]. Nature, 447 (7146): 799-816.

Blum T, Kohlbacher O. 2008. MetaRoute: fast search for relevant metabolic routes for interactive network navigation and visualization [J]. Bioinformatics, 24 (18): 2108-2109.

Bo L, Yun L, Yan J, et al. 2014. Using multi-instance hierarchical clustering learning system to predict yeast gene function [J]. PLoS ONE, 9 (3): e90962.

Breiman L I, Friedman J H, Olshen R A, et al. 1984. Classification and Regression Trees (CART) [J]. Springer Link, 40 (3): 358.

Breiman L. 2001. Random Forest [J]. Machine Learning, 45: 5-32.

Brevier G, Rizzi R, Vialette S. 2007. Pattern matching in protein-protein interaction graphs [J]//Proc. of Fundamentals of Computation Theory. FCT, LNCS4639: 137-148.

Brockdorff N. 1991. Conservation of position and exclusive expression of mouse Xist from the inactive X chromosome [J]. Nature, 351 (6324): 329-331.

Bruckner S. 2010. Topology-free querying of protein interaction networks. in Research in Computational Molecular Biology [J]. J. Comput. Biol., 17 (3): 237-252.

Bu D. 2012. NONCODE v3. 0: integrative annotation of long noncoding RNAs [J]. Nucleic Acids Res., 40 (D1): D210-D215.

Buchman T G. 2005. RNAi [J]. Critical Care Medicine, 33 (12 Suppl): 441-443.

Carninci P. 2005. The transcriptional landscape of the mammalian genome [J]. Science, 309: 1559-1563.

Cesana M. 2011. A long noncoding RNA controls muscle differentiation by functioning as a competing endogenous RNA [J]. Cell, 147 (2): 358-369.

Chalk A M, Warfinge R E, Georgiihemming P, et al. 2005. siRNAdb: a database of siRNA sequences [J]. Nucleic Acids Res., 33 (Database issue): D131-134.

Chalk A M, Wahlestedt C, Sonnhammer E L. 2004. Improved and automated prediction of effective siRNA [J]. Biochem. Biophys. Res. Commun., 319 (1): 264-274.

Charos A E. 2012. A highly integrated and complex PPARGC1A transcription factor binding network in HepG2 cells [J]. Genome Res., 22: 1668-1679.

Cheng C. 2012. Understanding transcriptional regulation by integrative analysis of transcription factor binding data [J]. Genome Res., 22: 1658-1667.

Chua H N, Sung W K, Wong L. 2006. Exploiting indirect neighbours and topological weight to predict protein function from protein–protein interactions [J]. Bioinformatics, 22（13）: 1623-1630.

Clark M B. 2012. Genome-wide analysis of long noncoding RNA stability [J]. Genome Res., 22（5）: 885-898.

Cortes C, Vapnik V. 1995. Support-vector networks [J]. Machine Learning, 20（3）: 273-297.

Dan C C, Meier U, Gambardella L M, et al. 2011. Convolutional Neural Network Committees for Handwritten Character Classification [C]. International Conference on Document Analysis and Recognition: 1135-1139.

Dar S A, Gupta A K, Thakur A, et al. 2016. SMEpred workbench: a web server for predicting efficacy of chemically modified siRNAs [J]. Rna Biology, 13（11）: 1144-1151.

De Silva E, Stumpf M P H. 2005. Complex networks and simple models in biology [J]. Journal of the Royal Society Interface, 2（5）: 419-430.

Deng M. 2003. Prediction of protein function using protein-protein interaction data [J]. J. Comput. Biol., 10（6）: 947-960.

Deng M. 2004. Mapping gene ontology to proteins based on protein-protein interaction data [J]. Bioinformatics, 20（6）: 895-902.

Dezső Z. 2009. Identifying disease-specific genes based on their topological significance in protein networks [J]. BMC Systems Biology, 3（1）: 36.

Djebali S. 2012. Landscape of transcription in human cells [J]. Nature, 489: 101-108.

Doncheva N T, Kacprowski T, Albrecht M. 2012. Recent approaches to the prioritization of candidate disease genes [J]. Wiley Interdisciplinary Reviews: Systems Biology and Medicine, 4（5）: 429-442.

Du Q, Thonberg H, Wang J, et al. 2005. A systematic analysis of the silencing effects of an active siRNA at all single-nucleotide mismatched target sites [J]. Nucleic Acids Res., 33（5）: 1671.

Duda R O, Hart P E, Stork D G. 2001. Pattern classification [M]. New York: Wiley.

Dunham I. 2012. An integrated encyclopedia of DNA elements in the human genome [J]. Nature, 489（7414）: 57-74.

Eisenberg E, Levanon E Y. 2003. Human housekeeping genes are compact [J]. Trends Genet., 19: 362-365.

Elbashir S M, Harborth J, Weber K, et al. 2002. Analysis of gene function in somatic mammalian cells using small interfering RNAs [J]. Methods, 26（2）: 199-213.

Elbashir S M, Lendeckel W, Tuschl T. 2001. RNA interference is mediated by 21-and 22-nucleotide RNAs [J]. Genes Dev., 15（2）: 188-200.

Elbashir S M, Martinez J, Patkaniowska A, et al. 2001. Functional anatomy of siRNAs for mediating efficient RNAi in *Drosophila melanogaster* embryo lysate [J]. EMBO. J., 20（23）: 6877-6888.

Elbashir S M. 2001. Duplexes of 21-nucleotide RNAs mediate RNA interference in cultured mammalian cells [J]. Nature, 411 (6836): 494-498.

Endo T, Ikeo K, Gojobori T. 1996. Large-scale search for genes on which positive selection may operate [J]. Mol. Biol. Evol., 13 (5): 685-690.

Erdmann V A, Szymanski M, Hochberg A, et al. 2000. Non-coding, mRNA-like RNAs database Y2K [J]. Nucleic. Acids. Res., 28: 197-200.

Explained P M D. 2007. Introduction to linear regression analysis [J]. Technometrics, 170 (2): 856-857.

Fawcett T. 2006. Introduction to ROC analysis [J]. Elsevier, 27 (8): 861-874.

Filipowicz W, Pogačić V. 2002. Biogenesis of small nucleolar ribonucleoproteins [J]. Curr. Opin. Cell. Biol., 14: 319-327.

Fire A, Albertson D, Harrison S W, et al. 1991. Production of antisense RNA leads to effective and specific inhibition of gene expression in C. elegans muscle [J]. Development, 113 (2): 503-514.

Fire A, Xu S, Montgomery M K, et al. 1998. Potent and specific genetic interference by double-stranded RNA in Caenorhabditis elegans [J]. Nature, 391 (6669): 806.

Flannick J. 2006. Graemlin: general and robust alignment of multiple large interaction networks [J]. Genome Res., 16 (9): 1169-1181.

Flannick J. 2008. Automatic parameter learning for multiple network alignment [J]. RECOMB, LNBI4955: 214-231.

Frietze S. 2012. Cell type-specific binding patterns reveal that TCF7L2 can be tethered to the genome by association with GATA3 [J]. Genome Biol., 13: R52.

Ge G, Wong G W, Luo B. 2005. Prediction of siRNA knockdown efficiency using artificial neural network models [J]. Biochem. Biophys. Res. Commun., 336 (2): 723-728.

Gerstein M B, et al. 2012. Architecture of the human regulatory network derived from ENCODE data [J]. Nature, 489: 91-100.

Gong W, Ren Y, Zhou H. 2008. siDRM: an effective and generally applicable online siRNA design tool [J]. Bioinformatics, 24 (20): 2405.

Guo M Z. 2014. A least square method based model for identifying protein complexes in protein-protein interaction network [J]. BioMed Research International, 720960: 1-9.

Guo S, Kemphues K J.1995. Par-1, a gene required for establishing polarity in C. elegans embryos, encodes a putative Ser/Thr kinase that is asymmetrically distributed [J]. Cell, 81 (4): 611.

Guttman M, Rinn J L. 2012. Modular regulatory principles of large non-coding RNAs [J]. Nature, 482 (7385): 339-346.

Guyon I, Elisseeff A, Jankowski N, et al. 2006. Feature extraction of studies [J]. Fuzziness and Soft Computing, 31 (7): 1737-1744.

Hamilton A J, Baulcombe D C. 1999. A Species of small antisense RNA in posttranscriptional gene silencing in plants [J]. Science, 286 (5441): 950.

Hamilton A, Voinnet O, Chappell L, et al. 2002. Two classes of short interfering RNA in RNA silencing [J]. EMBO J., 21 (17): 4671.

Hammond S M, Bernstein E, Beach D. 2000. An RNA-directed nuclease mediates post-transcriptional gene silencing in *Drosophila* cells [J]. Nature, 404(6775): 293.

Hammond S M, Boettcher S, Caudy A A, et al. 2001. Argonaute2, a link between genetic and biochemical analyses of RNAi [J]. Science, 293(5532): 1146-1150.

Hannon G J. 2002. RNA interference [J]. Nature, 418(6894): 244-251.

Harborth J, Elbashir S M, Vandenburgh K, et al. 2003. Sequence, chemical, and structural variation of small interfering RNAs and short hairpin RNAs and the effect on mammalian gene silencing [J]. Antisense & Nucleic Acid Drug Development, 13(2): 83-105.

Harrow J. 2012. GENCODE: The reference human genome annotation for The ENCODE Project [J]. Genome Res., 22: 1760-1774.

He F, Han Y, Gong J, et al. 2017. Predicting siRNA efficacy based on multiple selective siRNA representations and their combination at score level [J]. Scientific Reports, 7: 44836.

Hecht-Nielsen. 1989. Theory of the backpropagation neural network [C]. International Joint Conference on Neural Networks, 591: 593-605.

Hiller M. 2009. Conserved introns reveal novel transcripts in *Drosophila melanogaster* [J]. Genome Res., 19(7): 1289-1300.

Hirsh E, Sharan R. 2007. Identification of conserved protein complexes based on a model of protein network evolution [J]. Bioinformatics, 23(2): e170-e176.

Hishigaki H. 2001. Assessment of prediction accuracy of protein function from protein–protein interaction data [J]. Yeast, 18(6): 523-531.

Hofacker I L. 2004. RNA secondary structure analysis using the Vienna RNA package [J]. Curr. Protoc. Bioinformatics, 12: 2.1-2.12.

Holen T, Amarzguioui M, Wiiger M T, et al. 2002. Positional effects of short interfering RNAs targeting the human coagulation trigger tissue factor [J]. Nucleic. Acids. Res., 30(8): 1757.

Howald C. 2012. Combining RT-PCR-seq and RNA-seq to catalog all genic elements encoded in the human genome [J]. Genome Res., 22: 1698-1710.

Hsiao L L, Dangond F, Yoshida T, et al. 2001. A compendium of gene expression in normal human tissues [J]. Physiol. Genomics, 7: 97-104.

Hsieh A C, Bo R, Manola J, et al. 2004. A library of siRNA duplexes targeting the phosphoinositide 3-kinase pathway: determinants of gene silencing for use in cell-based screens [J]. Nucleic. Acids. Res., 32(3): 893-901.

Huarte M. 2010. A large intergenic noncoding RNA induced by p53 mediates global gene repression in the p53 response [J]. Cell, 142(3): 409-419.

Hubel D H, Wiesel T N. 1962. Receptive fields, binocular interaction and functional architecture in the cat's visual cortex [J]. J. Physiol., 160(1): 106.

Huesken D, Lange J, Mickanin C, et al. 2005. Design of a genome-wide siRNA library using an artificial neural network [J]. Nat. Biotechnol., 23(23): 995-1001.

Hung T. 2011. Extensive and coordinated transcription of noncoding RNAs within cell-cycle promoters [J]. Nature Genetics, 43(7): 621-629.

Ichihara M, Murakumo Y, Masuda A, et al. 2006. Thermodynamic instability of siRNA duplex is a prerequisite for dependable prediction of siRNA activities [J]. Nucleic. Acids. Res., 35(18): e123.

Imanishi T. 2004. Integrative annotation of 21,037 human genes validated by full-length cDNA clones [J]. PLoS Biology, 2: e162.

International Human Genome Sequencing Consortium. 2001. Initial sequencing and analysis of the human genome [J]. Nature, 409: 860-921.

Izant J G, Weintraub H. 1984. Inhibition of thymidine kinase gene expression by antisense RNA: a molecular approach to genetic analysis [J]. Cell, 36 (4): 1007-1015.

Jagla B, Aulner N, Kelly P D, et al. 2005. Sequence characteristics of functional siRNAs [J]. RNA, 11 (6): 864-872.

Jia H. 2010. Genome-wide computational identification and manual annotation of human long noncoding RNA genes [J]. RNA, 16 (8): 1478-1487.

Jia P, Shi T, Cai Y. 2006. Demonstration of two novel methods for predicting functional siRNA efficiency [J]. BMC Bioinformatics, 7 (1): 271.

Jiang P, Wu H, Da Y. 2007. RFRCDB-siRNA: improved design of siRNAs by random forest regression model coupled with database searching [J]. Comput. Methods Programs Biomed., 87(3): 230-238.

Joshi T. 2004. Genome-scale gene function prediction using multiple sources of high-throughput data in yeast Saccharomyces cerevisiae [J]. OMICS: A Journal of Integrative Biology, 8(4): 322-333.

Kalaev M, Bafna V, Sharan R. 2008. Fast and accurate alignment of multiple protein networks [J]. RECOMB, LNBI4955: 246-256.

Kamath R S, Fraser A G, Dong Y, et al. 2003. Systematic functional analysis of the *Caenorhabditis elegans* genome using RNAi [J]. Nature, 421 (6920): 231-237.

Karaoz U. 2004. Whole-genome annotation by using evidence integration in functional-linkage networks [J]. Proc. Natl. Acad. Sci. USA, 101 (9): 2888-2893.

Karolchik D, Hinrichs A S, Furey T S, et al. 2004. The UCSC Table Browser data retrieval tool [J]. Nucleic. Acids. Res., 32: D493-D496.

Katoh T, Suzuki T. 2007. Specific residues at every third position of siRNA shape its efficient RNAi activity [J]. Nucleic. Acids. Res., 35 (4): e27.

Kawasaki H, Suyama E, Iyo M. 2003. siRNAs generated by recombinant human Dicer induce specific and significant but target site-independent gene silencing in human cells [J]. Nucleic. Acids. Res., 34 (34): 981-987.

Kelley B P, et al. 2003. Conserved pathways within bacteria and yeast as revealed by global protein network alignment [J]. Science Signalling, 100 (20): 11394.

Kennerdell J R, Carthew R W. 1998. Use of dsRNA-Mediated Genetic Interference to Demonstrate that frizzled and frizzled 2 Act in the Wingless Pathway [J]. Cell, 95 (7): 1017-1026.

Kent W J. 2002. BLAT—the BLAST-like alignment tool [J]. Genome Res., 12 (4): 656-664.

Ketting R F, Fischer S E, Bernstein E, et al. 2001. Dicer functions in RNA interference and in synthesis of small RNA involved in developmental timing in *C. elegans* [J]. Genes Dev., 15 (20): 2654-2659.

Khvorova A. 2003. Functional siRNAs and miRNAs exhibit strand bias [J]. Cell, 115 (2): 209-216.

Klau G W. 2009. A new graph-based method for pairwise global network alignment [J]. BMC Bioinformatics, 10 (Suppl 1): S59.

Klingelhoefer J W. 2009. Approximate bayesian feature selection on a large meta-dataset offers novel insights on factors that effect siRNA potency [J]. Bioinformatics, 25 (13): 1594-1601.

Kolář M, Lässig M, Berg J. 2008. From protein interactions to functional annotation: graph alignment in Herpes [J]. BMC Systems Biology, 2 (1): 90.

Koyutürk M, et al. 2006. Pairwise alignment of protein interaction networks [J]. J. Comput. Biol., 13 (2): 182-199.

Kuchaiev O, et al. 2010. Topological network alignment uncovers biological function and phylogeny [J]. Journal of the Royal Society Interface, 7 (50): 1341-1354.

Kuchaiev O, Pr□ulj N. 2011. Integrative network alignment reveals large regions of global network similarity in yeast and human [J]. Bioinformatics, 27 (10): 1390-1396.

Ladewig E, Okamura K, Flynt A S, et al. 2012. Discovery of hundreds of mirtrons in mouse and human small RNA data [J]. Genome Res., 22: 1634-1645.

Lanckriet G R, et al. 2004. A statistical framework for genomic data fusion [J]. Bioinformatics, 20 (16): 2626-2635.

Landt S G. 2012. ChIP-seq guidelines and practices of the ENCODE and modENCODE consortia [J]. Genome Res., 22: 1813-1831.

Lécun Y, Bottou L, Bengio Y, et al. 1998. Gradient-based learning applied to document recognition [J]. Proceedings of the IEEE, 86 (11): 2278-2324.

Lee H, et al. 2006. Diffusion kernel-based logistic regression models for protein function prediction [J]. OMICS: A Journal of Integrative Biology, 10 (1): 40-55.

Letovsky S, Kasif S. 2003. Predicting protein function from protein/protein interaction data: a probabilistic approach [J]. Bioinformatics, 19 (Suppl 1): i197-i204.

Leunissen J. 2002. Bioinformatics: the Machine Learning Approach [M]. ACM.

Li Y. 2008. Metabolic pathway alignment between species using a comprehensive and flexible similarity measure [J]. BMC Systems Biology, 2 (1): 111.

Li Z. 2007. Alignment of molecular networks by integer quadratic programming [J]. Bioinformatics, 23 (13): 1631-1639.

Liang Z. 2006. Comparison of protein interaction networks reveals species conservation and divergence [J]. BMC Bioinformatics, 7 (1): 457.

Liao C S, et al. 2009. IsoRankN: spectral methods for global alignment of multiple protein networks [J]. Bioinformatics, 25 (12): i253-i258.

Liu L, Li Q Z, Lin H, et al. 2013. The effect of regions flanking target site on siRNA potency [J]. Genomics, 102 (4): 215.

Liu Y, Chang Y, Zhang C, et al. 2013. Influence of mRNA features on siRNA interference efficacy [J]. Journal of Bioinformatics & Computational Biology, 11 (3): 1341004.

Luo K Q, Chang D C. 2004. The gene-silencing efficiency of siRNA is strongly dependent on the local structure of mRNA at the targeted region [J]. Biochem. Biophys. Res. Commun., 318(1): 303-310.

Matveeva O, Nechipurenko Y, Rossi L, et al. 2007. Comparison of approaches for rational siRNA design leading to a new efficient and transparent method [J]. Nucleic. Acids. Res., 35 (8): e63.

Memišević V, Pr□ulj N. 2012. C-GRAAL: Common-neighbors-based global GRAph Alignment of biological networks [J]. Integrative Biology, 4: 734-743.

Mercer T R, Dinger M E, Mattick J S. 2009. Long non-coding RNAs: insights into functions [J]. Nat. Rev. Genet., 10: 155-159.

Mercer T R, Dinger M E, Sunkin S M, et al. 2008. Specific expression of long noncoding RNAs in the mouse brain [J]. Proc. Natl. Acad. Sci. USA, 105: 716-721.

Mignone F, Gissi C, Liuni S, et al. 2002. Untranslated regions of mRNAs [J]. Genome Biol., 3: 1-10.

Mikkelsen TS, et al. 2007. Genome-wide maps of chromatin state in pluripotent and lineage-committed cells [J]. Nature, 448 (7153): 553-560.

Milenković T, et al. 2010. Optimal network alignment with graphlet degree vectors [J]. Cancer Informatics, (9): 121.

Min S, Lee B, Yoon S. 2016. Deep learning in bioinformatics [J]. Brie. Bioinform., 18 (5): 851-869.

Montgomery M K, Xu S, Fire A. 1998. RNA as a target of double-stranded RNA-mediated genetic interference in *Caenorhabditis elegans* [J]. Proc. Natl. Acad. Sci. USA, 95 (26): 15502-15507.

Motulsky A G. 2006. Genetics of complex diseases [J]. J Zhejiang Univ. Sci. B, 7 (2): 167-168.

Murali R, John P G, David P S. 2015. Soft computing model for optimized siRNA design by identifying off target possibilities using artificial neural network model [J]. Gene, 562 (2): 152-158.

Nabieva E. 2005. Whole-proteome prediction of protein function via graph-theoretic analysis of interaction maps [J]. Bioinformatics, 21 (Suppl 1): i302-i310.

Narayanan M, Karp R M. 2007. Comparing protein interaction networks via a graph match-and-split algorithm [J]. J. Comput. Biol., 14 (7): 892-907.

Natarajan A, Yardlmcl G G, Sheffield N C, et al. 2012. Predicting cell-type-specific gene expression from regions of open chromatin [J]. Genome Res., 22: 1711-1722.

Neph S, et al. 2012. An expansive human regulatory lexicon encoded in transcription factor footprints [J]. Nature, 489: 83-90.

Oelgeschläger M, Larraín J, Geissert D, et al. 2000. The evolutionarily conserved BMP-binding protein Twisted gastrulationpromotes BMP signalling [J]. Nature, 405 (6788): 757-763.

Ogata H. 2000. A heuristic graph comparison algorithm and its application to detect functionally related enzyme clusters [J]. Nucleic. Acids. Res., 28 (20): 4021-4028.

Okazaki Y. 2002. Analysis of the mouse transcriptome based on functional annotation of 60,770 full-length cDNAs [J]. Nature, 420 (6915): 563-573.

Park E, Williams B, Wold B J, et al. 2012. RNA editing in the human ENCODE RNA-seq data [J]. Genome Res., 22: 1626-1633.

Patzel V, Rutz S, Dietrich I, et al. 2005. Design of siRNAs producing unstructured guide-RNAs results in improved RNA interference efficiency [J]. Nat. Biotechnol., 23 (11): 1440-1444.

Peek A S. 2007. Improving model predictions for RNA interference activities that use support vector machine regression by combining and filtering features [J]. BMC Bioinformatics, 8 (1): 182.

Pei B. 2012. The GENCODE pseudogene resource [J]. Genome Biol., 13: R51.

Pers T H. 2011. Meta-analysis of heterogeneous data sources for genome-scale identification of risk genes in complex phenotypes [J]. Genetic Epidemiology, 35 (5): 318-332.

Petri S, Meister G. 2013. siRNA design principles and off-target effects [J]. Methods Mol. Biol., (986): 59.

Pinter R Y, et al. 2005. Alignment of metabolic pathways [J]. Bioinformatics, 21 (16): 3401-3408.

Pollard K S, Hubisz M J, Rosenbloom K R, et al. 2010. Detection of nonneutral substitution rates on mammalian phylogenies [J]. Genome Res., 20: 110-121.

Ponjavic J, Ponting C P, Lunter G. 2007. Functionality or transcriptional noise? Evidence for selection within long noncoding RNAs [J]. Genome Res., 17 (5): 556-565.

Ponting C P, Oliver P L, Reik W. 2009. Evolution and functions of long noncoding RNAs [J]. Cell, 136 (4): 629-641.

Pr□ulj N. 2007. Biological network comparison using graphlet degree distribution [J]. Bioinformatics, 23 (2): e177-e183.

Pu S, Vlasblom J, Emili A, et al. 2007. Identifying functional modules in the physical interactome of Saccharomyces cerevisiae [J]. Proteomics, 7: 944-960.

Pupko T, Mayrose I, Glaser F. 2002. Bioinformatics understanding K-means non-hierarchical clustering [J]. Albany Tech. Report, 17 (6): 520-526.

Quinlan J R. 1986. Induction on decision tree [J]. Machine Learning, 1 (1): 81-106.

Read A L. 2002. Presentation of search results: the CLs technique [J]. Journal of Physics G Nuclear & Particle Physics, 28 (28): 2693.

Redrup L. 2009. The long noncoding RNA Kcnq1ot1 organises a lineage-specific nuclear domain for epigenetic gene silencing [J]. Development, 136 (4): 525-530.

Reuter J S, Mathews D H. 2010. RNA structure: software for RNA secondary structure prediction and analysis [J]. BMC Bioinformatics, 11 (1): 129.

Reynolds A, Leake D, Boese Q, et al. 2004. Rational siRNA design for RNA interference [J]. Nat. Biotechnol., 22 (3): 326-330.

Rodríguez J D, Pérez A, Lozano J A. 2009. Sensitivity analysis of k-fold cross validation in prediction error estimation [J]. Pattern Analysis & Machine Intelligence IEEE Transactions, 32 (3): 569-575.

Rose D. 2011. Computational discovery of human coding and non-coding transcripts with conserved splice sites [J]. Bioinformatics, 27 (14): 1894-1900.

Ruggieri S. 2002. Efficient C4.5 [J]. IEEE Transactions on Knowledge & Data Engineering, 14 (2): 438-444.

Rumelhart D E, Hinton G E, Williams R J. 1986. Learning representations by back-propagating errors [J]. Nature, 323 (6088): 533-536.

Saetrom P, Jr O S. 2004. A comparison of siRNA efficacy predictors [J]. Biochem. Biophys. Res. Commun., 321 (1): 247-253.

Saetrom P. 2004. Predicting the efficacy of short oligonucleotides in antisense and RNAi experiments with boosted genetic programming [J]. Bioinformatics, 20 (17): 3055-3063.

Sanyal A, Lajoie B R, Jain G, et al. 2012. The long-range interaction landscape of gene promoters [J]. Nature, 489: 109-113.

Sawicki M P, Samara G, Hurwitz M, et al. 1993. Human Genome Project [J]. Am. J. Surg., 165(165):

258-264.

Schaub M A, Boyle A P, Kundaje A, et al. 2012. Linking disease associations with regulatory information in the human genome [J]. Genome Res., 22: 1748-1759.

Schlicker A, Lengauer T, Albrecht M. 2010. Improving disease gene prioritization using the semantic similarity of Gene Ontology terms [J]. Bioinformatics, 26 (18): i561-i567.

Schubert S, Grünweller A, Erdmann V A, et al. 2005. Local RNA target structure influences siRNA efficacy: systematic analysis of intentionally designed binding regions [J]. J. Mol. Biol., 348 (4): 883.

Schwarz D S, Hutvágner G, Du T, et al. 2003. Asymmetry in the assembly of the RNAi enzyme complex [J]. Cell, 115 (2): 199-208.

Schwikowski B, Uetz P, Fields S. 2000. A network of protein-protein interactions in yeast [J]. Nat. Biotechnol., 18 (12): 1257-1261.

Shabalina S A, Spiridonov A N, Ogurtsov A Y. 2006. Computational models with thermodynamic and composition features improve siRNA design [J]. BMC Bioinformatics, 7: 65.

Sharan R. 2005. Conserved patterns of protein interaction in multiple species [J]. Pro. Natl. Acad. Sci. USA, 102 (6): 1974-1979.

Sharan R. 2005. Identification of protein complexes by comparative analysis of yeast and bacterial protein interaction data [J]. J. Comput. Biol., 12 (6): 835-846.

Sharan R, Ulitsky I, Shamir R. 2007. Network-based prediction of protein function [J]. Molecular Systems Biology, 3 (1): 88.

Shlomi T. 2006. QPath: a method for querying pathways in a protein-protein interaction network [J]. BMC Bioinformatics, 7 (1): 199.

Singh R, Xu J, Berger B. 2008. Global alignment of multiple protein interaction networks with application to functional orthology detection [J]. Proc. Natl. Acad. Sci. USA, 105 (35): 12763-12768.

Singh R, Xu J, Berger B. 2007. Pairwise global alignment of protein interaction networks by matching neighborhood topology [J]. Proc. Natl. Acad. Sci. USA, 4453: 16-31.

Spivakov M, et al. 2013. Analysis of variation at transcription factor binding sites in Drosophila and humans [J]. Genome Biol., 13: R49.

Srinivasan B S. 2007. Current progress in network research: toward reference networks for key model organisms [J]. Brief Bioinform, 8 (5): 318-332.

Surhone L M, Tennoe M T, Henssonow S F. 2010. Activation Function [M]. Whitefish: Betascript Publishing.

Svoboda P, Stein P, Hayashi H, et al. 2000. Selective reduction of dormant maternal mRNAs in mouse oocytes by RNA interference [J]. Development, 127 (19): 41-47.

Taft R J, Pang K C, Mercer T R, et al. 2010. Non-coding RNAs: regulators of disease [J]. J. Pathol., 220: 126-139.

Takahashi T, Zenno S, Ishibashi O, et al. 2014. Interactions between the non-seed region of siRNA and RNA-binding RLC/RISC proteins, Ago and TRBP, in mammalian cells [J]. Nucleic Acids Res., 42 (8): 5256-5269.

Takasaki S, Kawamura Y, Konagaya A. 2006. Selecting effective siRNA sequences by using radial basis function network and decision tree learning [J]. BMC Bioinformatics, 7 (5): S22.

Takasaki S, Kotani S, Konagaya A. 2004. An effective method for selecting siRNA target sequences in mammalian cells [J]. Cell Cycle, 3（6）: 788-793.

Teramoto R, Aoki M, Kimura T, et al. 2005. Prediction of siRNA functionality using generalized string kernel and support vector machine [J]. Febs Letters, 579（13）: 2878-2882.

Thang B N, Tu B H, Kanda T. 2015. A semi-supervised tensor regression model for siRNA efficacy prediction [J]. BMC Bioinformatics, 16（1）: 80.

Thurman R E. 2012. The accessible chromatin landscape of the human genome [J]. Nature, 489: 75-82.

Tian D, Sun S, Lee J T. 2010. The long noncoding RNA, Jpx, is a molecular switch for X chromosome inactivation [J]. Cell, 143（3）: 390-403.

Tian W, Samatova N. 2009. Pairwise alignment of interaction networks by fast identification of maximal conserved patterns [J]. Pac. Symp. Biocomput., 14: 99-110

Tian Y. 2007. SAGA: a subgraph matching tool for biological graphs [J]. Bioinformatics, 23（2）: 232-239.

Trapnell C, Pachter L, Salzberg S L. 2009. TopHat: discovering splice junctions with RNA-Seq [J]. Bioinformatics, 25（9）: 1105-1111.

Tsuda K, Shin H, Schölkopf B. 2005. Fast protein classification with multiple networks [J]. Bioinformatics, 21（Suppl 2）: ii59-ii65.

Uitei K, Naito Y, Takahashi F, et al. 2004. Guidelines for the selection of highly effective siRNA sequences for mammalian and chick RNA interference [J]. Nucleic. Acids. Res., 32（3）: 936-948.

Vanunu O. 2010. Associating genes and protein complexes with disease via network propagation [J]. PLoS Comput. Biol., 6（1）: e1000641.

Vazquez A. 2003. Global protein function prediction from protein-protein interaction networks [J]. Nat. Biotechnol., 21（6）: 697-700.

Venter J C. 2001. The sequence of the human genome [J]. Science, 291: 1304-1351.

Vernot B. 2012. Personal and population genomics of human regulatory variation [J]. Genome Res., 22: 1689-1697.

Vert J P, Foveau N, Lajaunie C, et al. 2006. An accurate and interpretable model for siRNA efficacy prediction [J]. BMC Bioinformatics, 7（1）: 520.

Vialatte F B, Martin C, Dubois R, et al. 2007. A machine learning approach to the analysis of time-frequency maps, and its application to neural dynamics [J]. Neural Networks, 20（2）: 194.

Vickers T A, Koo S, Bennett C F, et al. 2003. Efficient reduction of target RNAs by small interfering RNA and RNase H-dependent antisense agents a comparative analysis [J]. J. Biol. Chem., 278（9）: 7108-7118.

Vinogradov A E. 2004. Compactness of human housekeeping genes: selection for economy or Genomic design? [J]. Trends Genet, 20: 248-253.

Wagner N. 1993. What makes an mRNA anti-sense-itive? [J]. Trends in Biochemical Sciences, 18（11）: 419-423.

Warrington J A, Nair A, Mahadevappa M, et al. 2000. Comparison of human adult and fetal expression and identification of 535 housekeeping/maintenance genes [J]. Physiol Genomics, 2:

143-147.

Weatherall D. 2001. Phenotype—genotype relationships in monogenic disease: lessons from the thalassaemias [J]. Nat. Rev. Genet, 2 (4): 245-255.

Wei W S. Time Series Analysis: Univariate and Multivariate Methods [M]. 2nd ed. Indianapolis: Addison Wesley.

Wernicke S, Rasche F. 2007. Simple and fast alignment of metabolic pathways by exploiting local diversity [J]. Bioinformatics, 23 (15): 1978-1985.

Whitfield T W, et al. 2012. Functional analysis of transcription factor binding sites in human promoters [J]. Genome Biol., 13: R50.

Wilusz J E, Sunwoo H, Spector D L. 2009. Long noncoding RNAs: functional surprises from the RNA world [J]. Genes Dev., 23 (13): 1494-1504.

Xia H, Mao Q, Paulson H L, et al. 2002. siRNA-mediated gene silencing *in vitro* and *in vivo* [J]. Nat. Biotechnol., 20 (10): 1006.

Xia T, Jr S L J, Burkard M E, et al. 1998. Thermodynamic parameters for an expanded nearest-neighbor model for formation of RNA duplexes with Watson-Crick base pairs [J]. Biochemistry, 37 (42): 14719.

Xue C, Fei L, Tao H, et al. 2005. Classification of real and pseudo microRNA precursors using local structure-sequence features and support vector machine [J]. BMC Bioinformatics, 6 (1): 310.

Yang Q, Sze S H. 2007. Path matching and graph matching in biological networks [J]. J. Comput. Biol., 14 (1): 56-67.

Yang Z. 2000. Codon-substitution models for heterogeneous selection pressure at amino acid sites [J]. Genetics, 155 (1): 431-449.

Yuki Naito U T. 2012. siRNA design software for a target gene-specific RNA interference [J]. Frontiers in Genetics, 3 (102): 102.

Zamore P D, Tuschl T, Sharp P A, et al. 2000. RNAi: double-stranded RNA directs the ATP-dependent cleavage of mRNA at 21 to 23 nucleotide intervals [J]. Cell, 101 (1): 25-33.

Zhang S. 2007. Discovering functions and revealing mechanisms at molecular level from biological networks [J]. Proteomics, 7 (16): 2856-2869.

Zhao J. 2010. Genome-wide identification of polycomb-associated RNAs by RIP-seq [J]. Molecular Cell, 40 (6): 939-953.

Zhou F F, MaQ, Li G J, et al. 2012. QServer: A biclustering server for prediction and assessment of co-expressed gene clusters [J]. PLoS ONE, 7 (3): e32660.

Zhou Y, et al. 2007. Activation of p53 by MEG3 non-coding RNA [J]. J. Biol. Chem., 282: 24731-24742.

Zhu J, He F, Hu S, et al. 2009. On the nature of human housekeeping genes [J]. Trends Genet, 24: 481-484.